农作物高效种植实用技术问答丛书

大豆高效种植实用技术问答

胡海波 主编

内蒙古人民出版社

图书在版编目(CIP)数据

大豆高效种植实用技术问答 / 胡海波主编. --
呼和浩特 : 内蒙古人民出版社, 2022.12
(农作物高效种植实用技术问答丛书)
ISBN 978-7-204-17529-1

Ⅰ. ①大… Ⅱ. ①胡… Ⅲ. ①大豆-栽培技术-问题解答 Ⅳ. ①S515-44

中国版本图书馆 CIP 数据核字(2022)第 117768 号

大豆高效种植实用技术问答

作　　者	胡海波
责任编辑	石　煜
封面设计	刘那日苏
出版发行	内蒙古人民出版社
地　　址	呼和浩特市新城区中山东路 8 号波士名人国际 B 座 5 楼
网　　址	http://www.impph.cn
印　　刷	内蒙古爱信达教育印务有限责任公司
开　　本	880mm×1230mm　1/32
印　　张	5.5
字　　数	150 千
版　　次	2022 年 12 月第一版
印　　次	2023 年 6 月第一次印刷
书　　号	ISBN 978-7-204-17529-1
定　　价	26.00 元

大豆高效种植实用技术问答
编 委 会

主　编： 胡海波（赤峰市农牧科学研究所）

副主编： 周学超（赤峰市农牧科学研究所）

魏云山（赤峰市农牧科学研究所）

丁素荣（赤峰市农牧科学研究所）

刘迎春（赤峰市农牧科学研究所）

王晓磊（赤峰市农牧科学研究所）

康泽然（赤峰市农牧科学研究所）

崔智慧（赤峰市农牧科学研究所）

赵玉山（赤峰市农牧科学研究所）

赵亚波（赤峰市林西县大井镇人民政府）

编写人员： 李　峰（赤峰市农牧科学研究所）
魏　学（赤峰市气象局）
吴德鹏（淮阴师范学院）
刘志勋（赤峰市林业和草原局红山区分局）
高赛男（淮阴师范学院）
刘庆鹏（赤峰市农牧科学研究所）
伊六喜（内蒙古农业大学）
刘宁宁（赤峰市气象局）
张　彬（内蒙古农业大学）
李　娜（巴彦淖尔市现代农牧事业发展中心）
董程明（呼和浩特市农牧技术推广中心）
赵　艳（赤峰市松山区农牧局）
王晓娟（赤峰学院）
王　静（通辽市农牧局）
刘会宇（赤峰市喀喇沁旗西桥镇政府）
韩海军（巴彦淖尔市现代农牧事业发展中心）
马军成（巴彦淖尔市现代农牧事业发展中心）
张　静（巴彦淖尔市现代农牧事业发展中心）
顾　敏（巴彦淖尔市现代农牧事业发展中心）
张立媛（赤峰市农牧科学研究所）
徐晓伟
李晓宇

目录

第一篇

大豆基础知识

1. 大豆是何种作物?

大豆属于短日照作物，是我国重要粮食作物之一。它原产自我国，在我国各地均有栽培，亦广泛栽培于世界各地。大豆在我国已有五千年的栽培历史，在古代称为菽，中国东北为主产区，是一种其种子中含有丰富植物蛋白质的作物。大豆最常用来制作各种豆制品、榨取豆油、酿造酱油和提取蛋白质。

2. 大豆有哪些植物学特征?

大豆是豆科大豆属的一年生草本，高 30~90 厘米。茎粗壮，直立，茎被褐色长硬毛。叶通常具 3 小叶；托叶具脉纹，被黄色柔毛；叶柄长 2~20 厘米；小叶宽卵形，纸质。总状花序短的少花，长的多花；总花梗通常有 5~8 朵无柄、紧挤的花；苞片披针形，被糙伏毛；小苞片披针形，被伏贴的刚毛；花萼披针形，花紫色、淡紫色或白色，基部具瓣柄，翼瓣蓖状。荚果肥大，稍弯，下垂，黄绿色，密被褐黄色长毛；种子 2~5 颗，椭圆形、近球形，种皮光滑，有淡绿、黄、褐和黑色等。

3. 大豆起源地是哪里?

根据《史记》记载，大豆起源于中国，在中国栽培并用作食物及药物已有五千年的历史。

4. 大豆的植株由哪几部分组成?

大豆植株由根、茎、叶、花、荚果、种子 6 个部分组成，详见下图。

图 1-1　大豆的植株、花、种子和荚果

5. 大豆的类型是依什么划分的?

大豆一般根据种皮的颜色进行分类，一般可分为黄大豆、青大豆、黑大豆和其他色大豆。其中，黄大豆占大豆总量的 90% 以上。

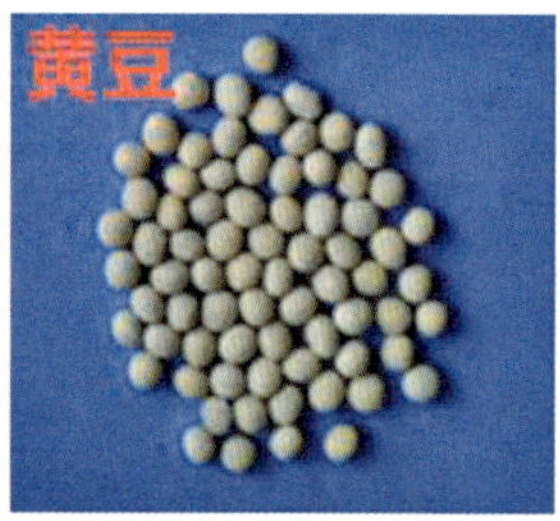

6. 大豆熟期是如何进行分类的?

大豆按成熟期分为：极早熟大豆、早熟大豆、中早熟大豆、中熟大豆、中晚熟大豆和晚熟大豆。其中，极早熟大豆生育期为 100 天以内，早熟大豆生育期为 100~110 天，中早熟大豆生育期为 111~120 天，中熟大豆生育期为 121~130 天，中晚熟大豆生育期为 131~140 天，晚熟大豆生育期为 141 天以上。

7. 大豆各生育时期的特点?

(1) 萌发期:需要适宜的温度和土壤水分,要求播种前做好种子处理,提高整地质量,掌握适时播种,保证大田土壤疏松,防止土壤水分过多、透性差,延缓种子出苗甚至种子腐烂。

(2) 幼苗期:需要日平均气温20℃以上,19%~20%的土壤水分,栽培上要促控结合,使幼苗节间短,茎秆粗壮,叶片肥厚,根系发达,全苗壮苗。

(3) 花芽分化期:一般历时25~30天,是大豆生长发育最旺盛时期,需要及时供应养分、水分,及时中耕结合追肥和灌溉,促进根、茎、叶生长和花芽分化。

(4) 开花期:此时期是营养生长、生殖生长旺盛的时期,需要的温度是白天22℃~29℃,夜间18℃~24℃,空气相对湿度74%~80%,要求保持良好的肥、水供应。

(5) 结荚鼓粒期:这一阶段生殖生长占主导地位,营养物质开始转入籽粒和荚皮,要求加强后期田间管理,防止落荚、瘪荚、瘪粒。

(6) 成熟期:大豆生育延缓,最后停止。种子中的水分减少,逐渐变硬,出现品种固有的籽粒形状和色泽。

8. 大豆的营养真的那么好吗?

大豆营养价值比较高，适当吃大豆可以补充营养，润肠通便。大豆中含有大豆卵磷脂、大豆甾醇、大豆低聚糖、植酸等人体所需的营养物质。而且同等重量下，大豆中的脂肪含量相比于肉类、奶类较低，其中不含乳糖，乳糖不耐受的人可以选择将大豆制作成豆浆喝。大豆中富含一定量的膳食纤维，适当吃一些可以增强胃肠蠕动，对预防和改善便秘有一定的作用，可以促进人体新陈代谢。另外，大豆中富含异黄酮，异黄酮是一种天然的植物雌激素，对于处在月经期、更年期、妊娠期等特殊时期的女性，由于体内激素调节变化，可出现烦躁、焦虑、紧张等负面情绪，此时可以适当吃一些大豆，对改善心情有一定的帮助。

9. 大豆有药用作用吗?

大豆有药理功效，吃大豆可以起到除湿健脾，补虚清热利便的功效。对于患有高血压或者糖尿病的人群，大豆具有辅助治疗的作用。所以，日常饮食中吃一些豆制品对于身体是有好处的，可以增强身体抵抗力。

10. 大豆的加工产品有哪些?

大豆的加工产品包括：传统豆制品和一些新兴的豆制品。传统的豆制品包括家庭日常生活中常用的酱油、腐乳、豆腐等，如豆酱、酱油、豆豉、红腐乳、白腐乳、臭豆腐、水豆腐、豆腐干、腐竹、百叶等。新兴的豆制品包括近些年来新开发出的蛋白质产品、磷脂产品等，如速溶豆粉、豆奶粉、豆浆、磷脂胶囊、磷脂软凝胶丸、大豆低聚糖、大豆皂苷、大豆异黄酮等。

11. 我国大豆生产的主产区和分布情况如何?

我国大豆的主产区包括：北方春大豆区，如黑龙江、吉林、辽宁、内蒙古等；长江流域春夏大豆区，如黄淮海夏大豆区的南沿长江各省份，以及西南地区的云贵高原；东南春夏秋大豆区，如浙江省南部，福建和江西两省，湖南、广东、广西的大部分地区；华南四季大豆区，如广东、广西、云南的南部边缘和福建的南端。

12. 大豆除作为油料作物外，做为饲草应用开发的前途如何？

大豆含有丰富的蛋白质、脂肪、碳水化合物、无机盐、维生素等，在饲料原料的所有品种中，大豆含有全面而丰富的营养物质，是任何一种饲料作物都无法替代的。榨油后的豆饼含有丰富的蛋白质，是营养价值极高的精饲料，通常情况下，每千克豆饼粗蛋白含量在40%以上，其中，畜禽所必需的赖氨酸含量为2.5%~3.0%，高于玉米10倍，蛋氨酸含量为0.5%~0.7%。豆秸、豆叶、豆荚皮等，营养物质也比较丰富，是草食家畜的重要饲草来源。据分析，豆秸含有粗蛋白5.7%、可消化蛋白2.3%，营养价值高于禾谷类作物，如麦秸、玉米秆、稻草、谷草等。豆荚皮含粗蛋白质4%，营养价值比秸秆高。豆秸、豆叶、豆荚皮可适当搭配禾本科牧草青贮，作为饲料，其营养价值不低于苜蓿。

13. 我国的大豆生产生态分区如何，各有什么特点?

根据大豆品种对光照长短的反应，可以区分大豆品种的生育期。北方春大豆生育期从极早熟、早熟到中早熟，黄淮夏大豆从中熟到中晚熟，南方夏秋豆从晚熟到极晚熟。东北春大豆北部以极早熟品种和早熟品种为主，生育期 120 天或更早；中部和南部以中早熟和中熟为主，生育期 125~130 天；而黄土高原和西北春大豆则从中早熟到晚熟，生育期 120~140 天。

14. 我国在大豆生产上存在的问题有哪些?

（1）土地重迎茬　东北三省的大豆种植面积较多，且大多因气候关系不能进行年单位的轮换种植，大豆的重迎茬种现象很普遍。

（2）施肥　肥料品种单一、肥料施的浅且利用率低。

（3）农药使用　在植物的生长过程中会喷洒农药，但很多农药在药效发挥的短周期内会与大豆苗争夺土壤、营养和水分，影响大豆的产量和生长速度。药剂的配比要根据说明进行，保证药量的均衡，药物的含量多少都会给大豆的生长带来危害，药剂要充分稀释。合理的使用农药，才能有利于大豆的生长。

15. 中国大豆市场现状及发展前景如何？

近年来，我国大豆需求持续高涨，但由于大豆亩产低，国内市场大豆进口依赖程度仍然很高。2017～2020年，我国大豆产量快速增长，尤其是2020年，我国大豆产量达1960.2万吨，较2019年增加了151万吨，同比增长8.35%。2021年，我国大豆产量受种植面积减小的影响，出现明显下滑，低于2019年水平。数据显示，2021年，我国全年大豆产量为1640万吨，同比下降16.3%。2022年2月，农业农村部办公厅《关于做好新型农业经营主体和社会化服务组织扩种大豆油料专项工作的通知》提出要“引导家庭农场、农民合作社等新型农业经营主体因地制宜扩大大豆油料生产，开展大豆玉米带状复合种植，提高大豆油料产能，支持社会化服务组织提供低成本便利化服务，为大豆油料扩种提供坚实的主体支撑和服务保障”。2022年1月，《“十四五”全国种植业发展规划》提出，到2025年，力争大豆播种面积达到1.6亿亩左右，产量达到2300万吨左右，推动提升大豆自给率。未来，在国家政策不断利好的情况下，预计我国与大豆生产相关行业将进一步发展，市场前景持续向好。

16. 大豆进出口和国际贸易现状如何？

尽管我国大豆产量近年来有了较大提升，但是国内消费需求强劲，使得我国大豆进口量不断增加，大豆进口依存度仍然较高，中国是全球大豆重要的进口国之一。2020年，中国大豆进口数量达10032.72万吨，较2019年增加了1174.13万吨，2021年1~10月，中国大豆进口数量为7910.14万吨。2020年，中国大豆出口数量为7.95万吨，较2019年减少了3.49万吨，2021年1~10月，中国大豆出口数量为5.40万吨。2020年，中国大豆进口金额达395.28亿美元，较2019年增加了41.08亿美元，2021年1~10月，中国大豆进口金额为431.81亿美元。2020年，中国大豆出口金额为0.71亿美元，较2019年减少了0.21亿美元，2021年1~10月，中国大豆出口金额为0.61亿美元。从进出口均价来看，中国大豆出口均价高于进口均价，2020年，中国大豆进口均价为0.39美元/千克，较2019年减少了0.01美元/千克，2021年1~10月，中国大豆进口均价为0.55美元/千克。2020年，中国大豆出口均价为0.90美元/千克，较2019年增加了0.09美元/千克，2021年1~10月，中国大豆出口均价为1.13美元/千克。

第二篇

大豆生长发育篇

17. 大豆萌发的内在因素和外界条件是什么?

（一）大豆种子发芽特点

在一定条件下，大豆干种子生长成幼芽的过程称为萌发。大豆种子萌发包括吸水、萌动、发芽 3 个阶段。当水分、温度、氧气适宜时，大豆种子吸水膨胀，呼吸作用加强，幼胚生命活动也逐渐加强，直至种子萌动，胚根伸长，穿过珠孔扎入土中。随着下胚轴的伸长，子叶带着幼芽顶出地面，即为出苗。大豆种子萌发时，子叶贮藏的物质经过一系列复杂的生物化学变化，转化为幼芽生长发育所需的物质和能量。子叶出土后，上胚轴继续伸长，逐渐形成主茎。由于大豆子叶肥大，出土较困难，所以播种不宜过深，以 3～3.5 厘米为宜。

（二）大豆种子发芽条件

1. 温度：温度是大豆种子萌发的重要条件之一。在一定温度范围内，温度越高，种子吸水越快，呼吸作用越强，发芽越快。一般来说，日平均气温在 6℃～10℃时，大豆种子就能发芽；温度在 18℃～20℃时，发芽快而整齐；温度达到 33℃～36℃时，发芽虽快，但幼苗纤弱。大豆种子播种时土层温度在 10℃～12℃时，大豆种子可顺利发芽；17℃～18℃时，出苗快而整齐；低于 9℃时，能发芽扎根，但不易出苗。

2. 水分：大豆种子发芽需水较多，一般要吸收种子本身重量 120%～140%的水分才能萌动。土壤水分含量 19%～20%时播种，种子萌发良好；低于 18%时，种子虽能萌发，但出苗困难；低于 10%时，将严重缺苗。土壤水分过多，氧气缺乏，呼吸受阻，发芽困难。

图 2-1 大豆在适宜条件下发芽

3. 氧气：氧气也是大豆萌发的必要条件之一。大豆种子萌发期间，各种生命活动不断加强。这些生命活动所需要的能量需要通过呼吸作用来转化。因此，大豆种子萌发期间需要充足的氧气。如果氧气不足，种子虽能吸水膨大但不能发芽，还可能导致烂种。提高土壤透气性是保证氧气充足供应的有效措施。如果土壤透气性过强，氧气供应虽然充足，但土壤水分散失过快，也不利于种子萌发。所以，保持土壤适宜的透气性，有充足而适宜的氧气，有利于大豆种子的萌发和幼芽的生长。

18. 大豆种子的萌发与幼苗生长的最适宜温度是多少？对低温忍耐程度？

大豆是喜温作物，在各生长发育阶段对温度都有不同要求，首先是种子萌发对温度很敏感。大豆种子萌发的最适温度是18℃～20℃，此时发芽快而且出苗齐；发芽最低温度是6℃～8℃，但发芽十分缓慢；温度达33℃～36℃时，发芽最快，但幼苗弱。出苗所需最低温度8℃～10℃。幼苗在-4℃低温则受轻微冻害。在整个生育期间，大豆最适生长温度为日平均气温20℃～25℃，其中，幼苗最适生长温度为20℃～21℃，花芽分化期为21℃～23℃，开花期为22℃～25℃，结荚鼓粒期为21℃～23℃，成熟期为19℃～20℃，根系生长的适宜土壤温度为22℃～25℃。大豆整个生育期所需积温，一般要求2400℃～3800℃。

图2-2　大豆种子萌发的过程

19. 大豆对水分的要求是？

大豆是需水较多的作物。大豆每形成 1 克干物质，消耗水分 600~750 克，平均每株大豆一生需水 17.5~30 千克，形成 1 千克大豆，籽粒耗水 2 吨左右。在大豆发芽出苗时，要求水分充足，以满足种子吸水膨胀的需要，如果此时墒情不足，种子在土壤中容易丧失生根能力，造成缺苗断垄。此时要求土壤相对含水量在 70%~75%，出苗期的耗水量占总耗水量 5%左右。该时期大豆的地上部生长缓慢，地下根生长较快。土壤水分略少些，可促使根系下扎，利于后期抗旱、抗倒。此时水分过多，根系分布浅，地上部发育过快，

图 2-3　大豆种子

节间细长，易形成高肢苗，不利于蹲苗，易造成中后期徒长倒伏。

大豆分枝至开花，地上部生长加快，复叶不断产生，分枝相继出现，根系向纵深发展，花芽陆续分化，进入营养生长与生殖生长并进阶段。这时大豆对水分要求开始增多，此时水分不足会影响植株生长发育，水分过多易造成徒长。生产上应采取适当的措施，要求土壤相对含水量为70%~75%为宜。到了开花结荚期，生殖生长和营养生长都很旺盛，并且这时气温高，蒸腾作用强烈，需水量猛增，是大豆一生中需水最多的时期。此时水分不足会造成大量花荚脱落，导致减产，这时要求土壤相对含水量为75%~85%。

鼓粒期是大豆需水的关健时期，此时大豆枝叶茂盛，耗水量大。此时缺水，会造成秕粒和秕荚增多，百粒重下降。这时要求土壤相对含水量为75%~80%。在大豆接近成熟时或鼓粒后期，水分适宜，大豆籽粒饱满，豆叶逐渐转黄脱落进入正常成熟过程，无早衰现象。若水分缺乏，豆叶不经转黄即枯萎脱落，百粒重下降。但水分也不宜过多，否则对大豆成熟不利。大豆吸收的水分，只有10%~20%用于合成有机物质，其余被叶面蒸腾和土壤蒸发掉。大豆一生中不同时期需要的水分不相同，幼苗期需水量约占总需水量的

16%，开花结荚期占 35%，结荚鼓粒期占 32%，鼓粒到成熟期占 17%。

图 2-4　大豆鼓粒期是需水关键期

开花——结荚——鼓粒期是大豆需水的临界期，这一时期缺水，大豆的开花数、结荚数、籽粒数、粒重都将受到极大影响。大豆从播种至出苗期，虽然种子萌发需水较多，但只要做好整地保墒，适时精细播种，便能满足其对水分的需要，幼苗期干旱有利于根系下扎。大豆产量高低与降水量多少有密切的关系。东北春大豆区，大豆生育期间的降水量在 600mm 左右，大豆产量最高，500mm 次之，降水量超过 700mm 或低于 400mm 均造成减产。

20. 影响大豆根系吸水的因素?

影响大豆根系吸水的因素一般包括根系自身因素、土壤因素以及影响蒸腾的大气因素等。自身因素主要是根木质部溶液的渗透势、根系生长长度及其分布、根系对水分的透性或阻力，以及根系呼吸速率等，因为根系是农作物吸收水分及养分最主要的方式，因此在农业种植以及科学研究中经常需要利用根系分析系统对作物根系进行研究分析。在影响根系吸水的因素中，大气因素通过影响蒸腾而影响蒸腾拉力，从而间接影响吸水。

图 2-5　大豆的根系

1. 土壤中可使用水含量

植物首先要经过根系从土壤中汲取水分，所以土壤水分情况直接影响着根系吸水。土壤中的水分并不是都能被植物所使用，植物从土壤中的吸水，实质上是根系和土壤颗粒互相抢夺水分。土壤可使用水的多少与土壤胶体数量有密切关系，粗砂、细砂、壤土、泥土的可使用水数量顺次递减。

2. 土壤的通气情况

在通气良好的土壤中，根系吸水性强，土壤透气情况差，吸水受抑制。土壤通气不良构成根系吸水艰难的原因：①根系环境内氧气缺少，呼吸作用遭到抑制，影响根系吸水。②长时期缺氧的情况下，根进行无氧呼吸，发生并堆积较多的乙醇，根系中毒受伤，吸水更少。③土壤处于复原状况，加之土壤微生物的活动，产生一些有毒物质，这对根系成长和吸水都是不利的。作物受涝，反而表现出缺水，其原因也是土壤通气不良，抑制了根部吸水。土壤水分饱满或土壤板结会构成通气不良。农业生产中的中耕耘田、排水晒田的办法就是为了增强土壤的透气性。

3. 土壤温度的影响

土壤温度不但影响根系的生理生化活性，也影响土壤中水的移动性。因而在作物体内，随土壤温度升

图 2-6　土壤情况影响大豆的生长

高，根系吸水及水的运送速率加快，反之则减弱。湿度规模影响根系吸水的缘由是：①原生质对水的阻力增大，水不易透过细胞质，植物吸水减弱。②水分子运动减慢，浸透效果下降。③根系成长受抑，吸收面积减小。④根系呼吸速率下降，离子吸收强度减弱，影响根系吸水。

4. 土壤溶液的浓度

土壤溶液浓度过高，其水势下降。若土壤溶液水势低于根系水势，植物不能吸水，反而要损失水分。通常情况下，土壤溶液浓度较低，水势较高。在不低于 0.1MFa 的情况下，对根吸水影响不大，但当施用化肥过多时，可使根部土壤溶液浓度急速升高，阻止了根系吸水。

21. 大豆抗旱措施有哪些?

1. 积极挖掘水源，增打补水井，提高灌溉能力。

2. 推广节水灌溉技术。可采取垄台侧边沟滤水浇灌、喷灌等方式，并采取浅覆土隔夜镇压等补水、保墒方法及措施。

3. 大豆播种以后要迅速开展查田工作，播后3~5天开始查墒情，对失墒严重的地块，进行补墒；在出苗前查芽情，对芽干、坏种地块，及时坐水补种；出苗后查苗情，对出苗不齐的地块，要及时补种。

4. 大豆出苗后及时除草，减少大田耗水。

5. 土壤墒情偏差而水源不足时要进行松土，有利于保墒防旱。

图2-7　大豆种植图

22. 大豆生长对光照有什么要求?

（1）大豆对光照强度的要求

大豆是喜光作物，光饱和点一般在 30000 ~ 40000lux。大豆的光饱和点是随着通风状况而变化的，通风状况好，光饱和点提高。大豆的光补偿点为 2500 ~3600lux。其光补偿点也受通气量影响，在低通气量下，光补偿点相对偏高，而在高通气量下，则相对偏低，在田间条件下，大豆群体冠层所接受的光照度是极不均匀的。

图 2-8　大豆群体冠层接受不均匀的光照度

（2）大豆对光照长度的要求

大豆是短日照作物，对日照长度反应极为敏感，开花结实要求较长的黑夜和较短的白天，严格说来，每个大豆品种都有其对生长发育适宜的日照长度，只要日照长度比适宜的日照长度长，植株即延迟开花，反之，则提早开花。大豆对短日照的要求是有限度的，并非越短越好，一般品种每日 12 小时的光照即可起到促进开花、抑制生长的作用，9 小时光照对部分品种仍有促进开花的作用，当每日光照缩短为 6 小时，则营养生长和生殖生长均受到抑制。

图 2-9　大豆结实器官需要短日照条件

大豆结实器官的发育和形成要求短日照条件，不过早熟品种的短日性弱，晚熟品种的短日性强。在大豆生长发育过程中，对短日照要求的转折时期一个是在花萼原基出现期，另一个是雌、雄配子细胞分化期，前者决定了能不能从营养生长转向生殖生长，后者决定了结实器官能不能正常形成。

23. 大豆对土壤有哪些特殊要求？

（1）土壤的酸碱度

土层深厚、有机质含量丰富的土壤，最适宜大豆生长。黑龙江省的黑钙土带种植大豆能获得很高的产量就是这个原因。对土壤质地的适应性较强。砂质土、砂壤土、壤土、黏壤土乃至黏土，均可种植大豆，当然以壤土最为适宜。大豆要求中性土壤，pH 宜在 6.5 ~7.5 之间。pH 低于 6.0 的酸性土往往缺钼，也不利于根瘤菌的繁殖和发育。pH 高于 7.5 的土壤往往缺铁、锰。大豆不耐盐碱，总盐量 < 0.18%，NaCl < 0.03%，植株生育正常；总盐量 > 0.60%，NaCl > 0.06%，植株死亡。

（2）土壤的矿质营养

大豆需要矿质营养的种类全且数量多。大豆根系从土壤中吸收氮、磷、钾、钙、镁、硫、氯、铁、锰、锌、铜、硼、钼、钴等 10 余种营养元素。氮元素是蛋白质的主要组成元素。成熟的大豆植株的平均含氮量为 2%左右。在苗期，当大豆子叶所含的氮元素已经耗尽而根瘤菌的固氮作用尚未充分发挥的时间里，会暂时出现幼苗的“氮素饥饿”。因此，播种时施用一定数量的氮肥，如硫酸铵或尿素；或氮磷复合肥，如磷酸二铵，可起到补充氮素的作用。大豆鼓粒期间，根瘤菌的固氮能力已经衰弱，也会出现缺氮现象，进行花期追施或叶面喷施氮肥，可满足植株对氮元素的需求。

磷被用来形成核蛋白和其他含磷化合物，在能量传递和利用过程中，也有磷酸参与。大豆植株地上部分的平均含磷量为 0.25%～0.45%。大豆吸磷的动态与干物质积累动态基本相符，吸磷高峰期正值开花结荚期。磷肥一般在播种前或播种时施入。只要大豆植株前期吸收了较充足的磷，即使盛花期之后不再供应，也不致严重影响产量，因为磷在大豆植株内能够移动或再度被利用。

钾在活跃生长的芽、幼叶、根尖中居多。钾和磷配合可加速物质转化，可促进糖、蛋白质、脂肪的合成和贮存。大豆植株的适宜含钾范围很大，在 1.0%～4.0%之间。大豆生育前期吸收钾的速度比氮、磷、钙、镁快。结荚期之后，钾的吸收速度减慢。

大豆长成植株的含钙量为 2.23%。从大豆生长发育的早期开始，对钙的吸收量不断增加，在生育中期达到最高值，后来又逐渐下降。

大豆植株对微量元素的需要量极少。各种微量元素在大豆植株中的百分含量为：镁（0.97）、硫

(0.69)、氯(0.28)、铁(0.05)、锰(0.02)、锌(0.006)、铜(0.003)、硼(0.003)、钼(0.0003)、钴(0.0014)。由于多数微量元素的需要量极少，加之多数土壤尚可满足大豆的需要，微量元素的含量常被忽视。近些年来，有关试验已证明，为大豆补充微量元素能够收到了良好的增产效果。

(3) 土壤水分

大豆需水较多。据许多学者的研究，形成 1 克大豆干物质需水量为 580~744 克。大豆不同生育时期对土壤水分的要求是不同的。发芽时，要求水分充足，土壤含水量 20%~24%较适宜。幼苗期比较耐旱，此时土壤水分略少一些，有利于根系深扎。在开花期，植株生长旺盛，需水量大，要求土壤相当湿润。在结荚鼓粒期，干物质积累加快，此时要求充足的土壤水分。如果墒情不好，会造成幼荚脱落，或导致荚粒干瘪。

24. 大豆可以在盐碱地种植吗?

我国目前盐碱地面积约为15亿亩，其中各类可利用盐碱地资源约为5.5亿亩，具有较好农业开发价值，具备农业改良利用潜力的盐碱地面积为1亿亩，集中分布在东北、中北部、西北、滨海和华北五大区域，其中东北盐碱区3000万亩，西北盐碱区3000万亩，中北部盐碱区1500万亩，滨海盐碱区1500万亩，华北盐碱区1000万亩。根据土地的含盐量，盐碱地可以分为轻度盐碱地、中度盐碱地和重度盐碱地。轻度盐碱地的土壤含盐量≤3‰，中度盐碱地的土壤含盐量>3‰且≤6‰，重度盐碱地的土壤含盐量>6‰。土壤含盐量通常指的是0~20厘米土层的土壤含盐量。

目前，我国已经培育出抗旱、耐盐碱的大豆品种。如吉育59在1%的含盐量，pH值为8.0的土壤中和干旱条件下正常生长结实。在盐生条件下，亩产仍可达到1200~2500公斤/公顷，在盐碱条件下，仍具有很强的固氮能力，有利于改善土壤结构、增加土壤肥力、降低土壤含盐量，达到改良盐碱地理化特性的目的。该品种已在东北地区推广3年，试种面积达到30万公顷，已被确定为农业农村部植物保护品种。金臣168、东航D11号航天大豆、齐黄34、庆农豆13、TZX-

1736、TZX-805 等品种（品系）均表现出较好的抗性，产量和品质等方面表现优异。

图 2-10 在盐碱地种植出的大豆品种

25. 大豆发生茎秆倒伏的生理原因是什么?

（1）品种类型

大豆的晚熟品种枝叶更加繁茂，容易引起茎秆变软，比早熟品种易倒伏；圆叶形的品种叶面积大，重力较大，比尖叶品种易倒伏；生育期长、植株较高的品种较正常生育期的品种易倒伏；株型比较松散，植株比较高大的品种较易倒伏。

图 2-11　大豆发生茎秆倒伏

（2）品种的适应性

品种和不同肥力地块不相适应，易造成茎杆倒伏。适种于中低水肥土地上的耐贫瘠品种种到高水肥地块容易旺长，造成倒伏。

（3）种植密度

播种密度大，植株徒长，徒长是倒伏的前兆。在植株枝叶茂盛期，株间相互荫蔽的程度增加，此时大豆的光照条件较差，通风透光性受到影响，植株徒长，高而不壮，茎秆细软，易于折断和出现大面积倒伏，导致死株、无荚株。

（4）培土高度

中耕培土时培土高度不够，易导致大豆根倒伏，特别是贴茬播种的大豆，灭茬效果不好，大豆植株产生的不定根数量少，根系发育不良，下扎能力差，减弱了对植株的固定能力，易倒伏。

（5）施肥不当

大豆生长期间氮磷钾肥施用要均衡，一旦偏施氮肥过量，在蹲苗不够的情况下，大豆易贪青徒长，枝叶繁茂引起通风透光差，主茎细长，节间距离加大，难以负荷上部重量，易发生倒伏。

26. 影响大豆花芽分化的外界条件有哪些?

1. 日照

大豆是短日照作物，花芽分化需要一定长度的连续不断的黑暗时间和光照时间交替。当每天连续黑暗时间缩短到一定程度以后，大豆便终止花芽分化，不能开花，只长枝叶。当每天连续黑暗时间延长到一定程度时，就会促进花芽分化，引起大豆开花或成熟。所以，大豆生长发育需要适宜的短日照时数。一般来说，在9~18小时的光照范围内，光照越短，越有利于生殖器官生长发育；光照越长，越能促进营养体的生长发育。

2. 温度

大豆花芽分化需要一定的温度。气温在25℃~30℃时是大豆花芽分化的适宜温度。在该气温范围内，温度较高时，花芽分化较快；温度较低时，花芽分化较慢。

3. 水分

土壤水分是否适宜，对大豆花芽分化有明显影响。土壤水分适宜时，花芽分化所需要的养分和水分充足，花芽分化多；在缺水时，大豆花芽分化所需要的养分和水分不足，花芽分化少；严重缺水会引起花芽脱落。土壤水分过多，阻碍根系呼吸，根系吸收的水分和矿质营养减少，从而影响花芽分化；严重水涝还会引起花芽脱落。

4. 养分

养分是花芽分化的必需条件。养分充足，大豆花芽分化加速，蕾多花多。养分不足时，花芽分化变少，花蕊少，花稀少。营养过剩时，花芽往往变为叶芽，枝叶过多，花芽减少。因此，大豆花芽分化期间，只有营养适当，才能促进花芽分化。

27. 影响籽粒形成与成熟的因素有哪些？

（1）干物质积累对大豆籽粒粒重的影响

在籽粒形成期，大豆单个籽粒的干物质积累速率和干物质积累时期的长短决定粒重高低。

（2）温度对大豆籽粒粒重的影响

对于大豆籽粒而言，温度的变化导致输入的同化物质以及其内在物质含量的变化。有研究表明，在大豆鼓粒期间，高温降低大豆籽粒的活力和品质。在33℃左右，发育不正常的籽粒占籽粒总数要大于50%，在38℃左右，发育不正常的籽粒占籽粒总数接近100%。

（3）水分对大豆籽粒粒重的影响

在大豆籽粒同化物质填充时期，缺水会导致大豆籽粒体积的减小。同时导致大豆籽粒新陈代谢和有机物质吸收能力的降低。比较严重的缺水还会抑制光合作用，降低大豆子叶中蔗糖的富集以及干物质的积累。此时，可以通过灌水和地喷等田间措施保证大豆水分的充足供应，为大豆正常发育和高产提供保证。

（4）光照对大豆籽粒粒重的影响

与温度、水分和土壤肥力相比，光是影响大豆和其他许多作物产量的最显著因素。在开花期间，增加光照能提高大豆籽粒粒重，从而提高产量或弥补产量的降低。在生殖生长期，此时源强度对籽粒的调节有显著作用，因为此时期决定每荚粒数和籽粒的大小，有研究表明，在始粒期祛除叶片或进行遮阴处理会造成单荚粒数减少和粒重的下降，同时在灌浆期降低光合作用引起的产量下降最大，籽粒的形成和发育对冠层的变化非常敏感，表明此时期的光照对籽粒产量的影响有极显著的影响。

(5) 氧气和二氧化碳对大豆籽粒粒重的影响

在大豆籽粒生长过程中，改变其周围氧气含量将改变大豆籽粒的生长特性，同时，降低周围氧气含量将使大豆籽粒荚皮的呼吸速率和蔗糖富集速率有所下降。尽管在大豆成熟时期改变氧气含量对豆荚影响不大，但对于最终的籽粒粒重却有显著的影响。二氧化碳对籽粒也有显著的影响。二氧化碳既是光合作用的反应底物，又是 C_3 植物光合作用的限制因子之一，对作物产量和品质产生影响。大气二氧化碳浓度的增加，提高了大豆籽粒中钙、锌、硒等元素的含量，大豆籽粒脂肪含量和油酸相对含量在较高二氧化碳浓度下有显著增加，大豆蛋白质和氨基酸总量随大气二氧化碳浓度升高而有降低趋势。

28. 大豆的品质与环境条件有什么关系?

1. 光照对大豆脂肪形成的影响

长光照下大豆籽粒蛋白质含量下降，脂肪含量上升。棕榈酸和油酸脂肪比例下降，亚油酸的比例有所升高，硬脂酸含量存在处理上的显著差异。

2. 温度对大豆品质的影响

温度因子可分为温度的高低和昼夜温差两项，高温有利于蛋白质的形成，而较低的温度和较大的温差有利于脂肪的形成。

3. 水分对大豆品质的影响

水分对大豆产量和品质有较大的影响。东北大豆主产区生长季节期间的降雨量为 500mm 左右。在阳光充足，蒸发量大且又有充足水分供应的地区，有利于大豆脂肪含量的积累。降水量与蛋白含量呈正相关，与脂肪含量呈负相关。

4. 土壤肥力对大豆品质的影响

土壤有机质含量高，往往含氮量高，有利于提高蛋白质含量；反之，土壤有机质含量不高，或相对磷含量高的土壤，往往有利于提高脂肪的含量。至于土壤质地、组成等对品质影响，除了地理的因素外，主要是通过影响水分、温度等影响质量。

29. 大豆蛋白质含量受哪些环境因素影响?

1. 受地理环境影响

在地理环境中，纬度是影响大豆中蛋白质与油分的主要因素，随着纬度升高，蛋白质含量逐渐下降，油分含量逐渐上升。

2. 受播种期影响

分别使用不同种类大豆在春夏秋三季进行播种，根据具体生长情况可看出，在不同时期播种，大豆中蛋白质含量不同，且春季含量最高，秋季含量最低，随着季节变化呈现递减状态。

3. 受收获期影响

大豆蛋白质与油分含量以黄杆期为准，超过此期限的大豆蛋白质与油分含量明显下降。

4. 受栽培技术影响

栽培技术以及种植环境等同样影响大豆中蛋白质含量，根据大豆开花鼓粒期能够进行判断。

5. 受种植地土壤与施肥影响

含有丰富有机物质且氮含量充足的土壤能够提高大豆蛋白质含量，合理施撒肥料有利于平衡土壤中营养物质，使土壤达到理想状态，从而提高种植质量，促进大豆蛋白质与油分含量提升。

第三篇 大豆优质高产栽培篇

30. 为什么大豆高产优质栽培提倡“轮作倒茬”？

大豆和禾本科植物进行轮作，可以明显起到增产的效果。毕竟大豆的根系和根瘤菌可以共生，这样一来就可以起到固氮的效果，将空气中的游离氮固定在土壤中，有利于提高土壤中各种元素的利用率。同时防止某一种单一的元素迅速被消耗殆尽，可调节土壤肥力，改良土壤，增加土壤中有机质含量，还可以防止病虫草害，好处多多。

连作对农作物的长势、病虫害的防治以及产量和品质方面有着很直接的影响。以大豆为例，长期的连作会增加大豆病虫害的发生几率，也会因为连作造成大豆根系的长势受到不良的影响，根据大豆与禾谷类作物的特点，栽培条件实行合理轮作，既能充分利用自然条件，又能使用地与养地相结合，有较好的增产效益。大豆与根瘤菌共生，根瘤菌可以固定空气中游离的氮元素，以前农民种植农作物之所以倒茬，是因为各种植物吸收的营养成分不同，以前种植作物全部依赖农家肥，农家肥中所含营养成分不足，很难满足植物生长需要，如果连续重茬种植作物，它对土壤养分的吸收，始终选择所喜好的养分吸收，这样会使土壤中的某些养分缺乏，而某些不喜好养分则剩余甚止超量。因此，大豆高产优质栽培提倡“轮作倒茬”。这样做的一方面好处是，避开作物连续种植同类作物造成的土壤某种营养元素缺乏，而导致作物不能够正常生长。另一方面，可规避开连作时，某些病虫害发生，以及病虫害对该作物的侵扰和破坏。

图 3-1　大豆-玉米轮作

31. 大豆的整地和施肥应注意什么问题？

整地效果的好坏、所施肥料的种类、整地和施肥时机的选择，对大豆的产量有重大影响。精细整地，合理施肥，可以在一定程度上提高大豆的产量。

整地过程中最关键的是整地的深度。整地太浅，不能满足根须的生长，将会降低大豆的产量，而且容易发生倒伏等病症。而整地太深，由于底层土地疏松，大豆的根部发育将会过于旺盛，进而影响到根茎的生长，对提高产量有不利影响。一般来说，整地深度在12~15cm 为宜。另外，就是要注意土地中不要有杂物，特别是要清除上一茬种植的作物的根茎等。

在整地过程中，要根据土地本身的肥沃程度，施加底肥。底肥一般以农家肥为主，搭配少量化肥使用。大豆营养价值高，尤其是蛋白质和油分含量高，这些都是需要大量的化肥来提供。因此，要想使大豆健康成长，必须提供足够的氮、磷、钾、铜、锌、钼等微量元素。施加底肥之后，在大豆生长旺盛的阶段，如发芽、开花、结果等阶段，均需要再次施加化肥来满足大豆的生长需要。

32. 大豆的播期如何确定?

大豆在种植过程中，适宜的播种时期对保苗是非常重要的，而要获得高产，保苗很关键，在生产中也不是播种越早越好，选定播种期所应考虑的条件主要有品种特性、温度、土壤水分、无霜期、茬口等。播种过早，发芽慢，种子容易受到低温冷害的影响，进而造成缺苗断垄；播种过晚，出苗虽快，但幼苗地上部生长过快。植株不健壮，易徒长，还会造成出苗不齐，浪费积温，影响产量。同时，晚熟品种易遭早霜危害，有贪青晚熟减产的风险。因此，适时播种可以使保苗率提高，出苗整齐、健壮，而且生育良好，茎秆粗壮。

内蒙古地区大豆种植影响播期的主要因素是地温、土壤墒情和品种特性。地温要求土壤是 5～10cm 深的土层内，日平均地温达到 10℃～12℃；土壤墒情要求达到土壤耕层田间持水量的 80%时，（手握成团，掷地可散）此时播种较为适宜。在干旱地区或春旱年份，为抢墒抗旱应注意适时早播；春季土壤水分过多，早播容易烂种，可在适期内晚播。内蒙古自治区适宜大豆的播种期为 5 月中旬左右。

33. 如何确定播种方式和留苗密度?

大豆播种方式有多种，各地的种植习惯不同，播种方式也不尽相同，有“垄上双行”“垄上穴播”“垄三栽培法”“两垄一沟”“窄行密植法”等，东北地区多采用前两种及最后一种。其他地区可以结合当地的种植习惯选择适合的播种方式，现在播种多采用机播，播种效果好、速度快，能够达到行齐等距的目标，在用种量方面能做到精确控制。播种密度要结合品种特点及土壤肥力综合确定，一般肥力高的地块加上耐密品种可以适当密植；肥力低的地块则要适当稀植，基本苗株数控制在 1.3 万株左右。

34. 大豆为什么要早间苗、早定苗?

间苗时间宜早不宜迟，应在子叶刚展开时进行间苗。以不超过两片真叶为宜，地下害虫多的可适当推迟。夏大豆区气温高，幼苗生长快，初起苗即可间苗。间苗或定苗时，要去弱苗留壮苗，去病株留好株，根据茎的颜色去掉杂株，保证合理密度下的苗齐、苗壮。

35. 大豆产量构成因素有哪些?

大豆的产量是由单位面积内株数和单株产量两个因素构成的。而单株产量是由每株有效荚数、每荚实粒数、粒重构成。粒重通常以百粒重计算，即随机抽取大豆样本，从样本中数出 100 粒籽实用天平称得的重量。不同品种的大豆百粒重存在很大的差异，一般在 16~24 克之间，但有的大豆品种可达到 30 克以上。

大豆产量构成决定于单位面积内的株数、每株有效荚数、每荚粒数和百粒重 4 个因素。

$$\text{大豆产量}(\text{kg/hm}^2)=\frac{\text{每hm}^2\text{株数}\times\text{平均单株结荚数}\times\text{每荚平均粒数}\times\text{百粒重}(\text{g})}{100\times1000}$$

单位面积上的株数越多，每株有效荚数越多，每荚粒数越多，百粒重越大，也就是四者乘积越大，大豆的产量就越高。但在实际生产上，这些因素很难同时增长，在一定栽培条件下，构成产量各因素之间存在一定程度的矛盾，它们之间存在一定的制约关系。当单位面积内株数增加到一定数量时，每株荚数就有减少的趋势，粒重也会有所降低；当单位面积株数减少时，每株有效荚数就有增加的趋势，粒重也会有所增加。所以，要获得高产，要在可能不减少单位面积株数的条件下，尽量增加每株荚数和每荚粒数，以及提高粒重。通过协调四者之间的关系，达到提高大豆经济产量的目的。

36. 大豆生长必需的营养元素有多少？

大豆的一生需要吸收多种营养元素，主要是氮、磷、钾三种元素，其次是钙、镁、硫等。同时也需要少量的微量元素，如钼、硼、锰、铜等。大豆比禾谷类作物需要更多的营养元素，在相同产量情况下，大豆需氮比谷类作物多 4~5 倍。每生产 1000 千克籽实需氮 66 千克、五氧化二磷 30.8 千克、氧化钾 21.7 千克。

37. 氮肥对大豆生长发育有什么作用？

氮肥是大豆形成新器官和生成籽粒蛋白质的原料，并参与蛋白质合成过程，是高产中的决定因素。

38. 磷肥对大豆生长发育有什么作用?

磷也是大豆形成新器官和生成籽粒蛋白质所必需的元素，并参与蛋白质合成过程。大豆脂肪合成和分解需要磷。磷在大豆植株有机物质的转化和运输中起重要作用，促进早熟和根瘤的发育。

39. 钾肥对大豆生长发育有什么作用?

钾与碳水化合物运转有关，对气孔开放有特殊作用。植株缺钾时会延迟大豆的成熟，降低籽粒的质量。钾的流动性很强，易从较老的组织转移到根和芽的生长点。

40. 大豆施肥原则是什么?

大豆实行氮、磷配方或氮、磷、钾配方。施肥原则是施足底肥，适时分期追肥。底肥以有机肥为主，配合磷、钾肥和适量的氮肥，追肥在苗期、初花期和结荚期时追施，追肥时氮素用量不宜过多。要求施用时离根系 10 厘米左右。

41. 大豆的需肥规律是什么?

大豆不同生育时期对氮、磷、钾的吸收与干物质积累过程相一致，幼株吸收养分的速率慢，开花期以后增快，当植株开始衰老时，吸收速率降低。在籽粒开始形成以前，植株已吸收60%的氮、55%的磷和60%的钾。大豆花芽分化后，才从土壤中吸收钼，在鼓粒期时，根系和荚壳中的钼向籽粒中转移并积累。

（1）苗期至分枝期

大豆营养器官形成的重要时期，也是花芽开始分化时期。该时期缺氮、磷、钾任何一种元素，不仅初期生育受到抑制，即使以后恢复正常的营养条件，生育也不好。如苗期土壤中有足够的磷，能增加花芽分化的数量。在施足基肥的基础上，以种肥为主，重施磷肥。有机肥料肥效长且稳定，不仅能满足苗期至分枝期大豆吸收养分的需要，而且符合大豆生育后期需肥多的要求。在肥沃的土壤中直接施无机氮肥，增产效果不大，甚至多施氮肥会抑制大豆根瘤的生长，降低固氮作用，进而导致减产。

（2）开花期

需氮、磷、钾元素迅速增长。氮、磷、钾总量的2/3是开花期以后吸收的。此时期缺氮和钙会导致花荚脱落率增高，籽粒产量受到严重影响。可借助组织分析方法进行营养诊断：开花后期最上层长成叶的氮素含量占干重4.0%以下为缺乏，7.0%以上为过剩；磷元素含量占干重0.15%以下为缺乏，0.8%以上为过剩；钾元素含量占干重1.25%以下为缺乏，2.75%以上为过剩。

（3）结荚至鼓粒期

大豆产量形成的关键时期。根吸收的无机氮、根瘤固氮、茎叶暂存的氮都运向花荚。该时期如氮、磷、钾供给不足，籽粒生产则受到严重阻碍。从终花期以前10天到以后的3～4周，是肥料氮素和共生固定氮素对籽粒生产效率最高的时期。氮素的吸收量每增加1克，籽粒的重量可增加15～18克。

此时，大豆营养主要靠前期施入的基肥或花期的追肥。鼓粒期，尤其到鼓粒期的末期，氮、磷、钾从叶和茎部分转移到籽粒中，成熟的籽粒含有所吸收的总氮量的68%、总磷量的73%、总钾量的56%。

图 3-2　人工追施叶面肥

图 3-3　无人机追施叶面肥

42. 大豆施肥技术有哪些?

（1）基肥

结合秋耕地施入高温发酵腐熟好的农家粪肥 22500kg/hm^2～37500kg/hm^2 做基肥，或结合播种优质农家肥 11250kg/hm^2～15000kg/hm^2 做种肥。基肥一般以有机肥为主，也可配合施用无机肥。一般应占总施肥量的 50%～60%。

（2）种肥

大豆常规施肥方法适宜在高密度种植时应用，施用 N：P_2O_5：K_2O 的适宜配比为 4.4～6.6：1：1.5，公顷产量在 3260～3600kg 时，需 N：150～190kg，P_2O_5：30～35kg，K_2O：45～55kg。一次性施肥方法适宜低密度种植大豆中应用，施用 N：P_2O_5：K_2O 的适宜配比为 4.0～6.0：1：1.5，公顷产量在 3260～3600kg 时，需 N：190～230kg，P_2O_5：35～40kg，K_2O：55～60kg。

（3）追肥

追肥应视地力和苗情而定，地力差，基肥和种肥不足的，追施尿素。大豆进入盛花期后如发现长势弱，叶片淡黄，此时进行叶面喷肥。

43. 大豆生产的中期管理应注意什么?

大豆生产的中期管理主要是指开花结荚期的管理。开花结荚期是大豆营养生长（包括叶片、根系等营养器官）和生殖生长（包括花、豆荚、籽粒等生殖器官）并进的阶段，其干物质积累达到最高峰。在茎、叶生长的同时，茎、叶内贮藏的营养物质需要大量向花、豆荚等生殖器官输送。这一阶段需要充足的水肥营养和光照，以便有足够的营养物质来保证形成花荚，同时还要满足茎、叶继续生长的需要，达到多开花、多结荚，减少花荚脱落。这是大豆获得高产的关键。

加强肥水管理是为了保证有充足的水分和养分供应。但是，并不是说水和肥越多越好，当水肥条件超出一定范围时，会出现负作用。首先说水分，大豆开花、结荚期正是雨季，如果雨量大，豆田内出现积水，此时应该及时排涝，否则会出现涝害；种植密度偏大，生长过旺，田间荫蔽，豆田就会通风透光不良。

44. 保证旱地大豆获得高产的关键环节有哪几个?

（1）选用抗旱、生态适宜的大豆品种

选择生态适宜、抗旱性符合当地水分胁迫要求的高产品种，是最经济有效的栽培措施，充分利用好当地抗旱、耐旱的骨干品种，确保稳产。

（2）适时播种

根据所掌握的地温、墒情、品种情况来适时播时。当气温稳定在8C时，即可播种。还应依土壤墒情和品种生育期长短而定，一般是早熟的晚播，晚熟的早播；墒情好晚播，墒情差早播。播种做到有墒不等时，时到不等墒。大豆萌发要求土壤含水量在20%～50%，最适温度为25℃～30℃，过高和过低均影响发芽，旱地大豆一般播期在5月中下旬为宜。

（3）耕作保墒

大豆是深根作物，深耕土壤是大豆增产的一项重要措施。深耕增产的原因是接纳雨水，加速土壤熟化，提高土壤肥力。前茬作物收获后尽量提早耕期，并做到不漏耕、不跑茬、扣平、扣严、坷垃少。旱地大豆生育期间进行深中耕2～3次，耕深6～10厘米，促进根系向下扩展，做到有草除草，无草保墒。

(4) 敏感期补水

合理调整灌溉时期，确保大豆在开花时期需水量逐渐增加，到结荚鼓粒期需水量最大，这期间若缺水导致干旱，则严重影响产量。因此，应结合天气、土壤等情况补水灌溉。

(5) 水肥耦合技术

在干旱条件下，可以通过培肥地力、增施肥料来减轻干旱的危害，研究者把这种效应概括为“水肥耦合效应”。土壤含水量过低时，施肥效果较差，特别是氮肥过多反而加剧干旱的危害，只有在中度干旱的条件下，才能发挥以肥调水的效果。不同肥料间，磷在弥补水的不足、提高抗旱性方面的效果更加突出。

45. 旱地大豆丰产栽培在各生长发育阶段管理的措施有哪些?

（1）苗期管理。大豆的生长发育从幼苗期到分枝期阶段以根系建成为中心，这一阶段管理的主攻方向是适当控制地上部分生长，促进根系发育，培育壮苗。要在施足底肥、精选良种的基础上，通过蹲苗、早间苗、早中耕等措施，促进根系发育，达到壮苗目的。

（2）开花结荚期管理。开花结荚期是大豆营养生长和生殖生长并进期，茎叶生长旺盛，各种生理过程活跃，对养分的竞争激烈，是大豆一生吸收水肥的高峰阶段，这一阶段管理的主攻方向是协调营养生长和生殖生长的关系，是决定单株荚数的关键期。要在合理密植的基础上，结合降雨或浇水，追施速效氮肥，同时深中耕、清垄以减少水肥的无谓消耗，达到根深叶茂，花多荚多，防止徒长、荫蔽和倒伏。

（3）鼓粒成熟期管理。大豆鼓粒后，营养生长基本停止，生殖生长旺盛。这一阶段前期决定粒数，中后期决定粒重，根茎生长减弱，根瘤固氮能力开始下降，主攻方向是防早衰，延长叶片寿命，提高成粒率，增加粒重。可以通过叶面喷肥，巧施粒肥，提高光合能力，减少秕荚，达到增产目的。

46. 大豆收获和贮藏应注意哪些问题?

收获时的操作对于大豆产量和品质有很大影响，应注意以下事项：

(1) 适时收获

当大豆茎叶开始变黄、苗秆和豆荚已干，并呈黑褐色时便可收获。大豆对收获时间的要求很严格，收获过早，籽粒尚未充分成熟，百粒重、蛋白质和油分的含量均低；收获太晚，籽粒失水过多，会造成大量炸荚掉粒。此外，收获方法不同，相应的适宜收获期也不同，直接收获的时期是在完全成熟初期。

(2) 收获方法

一般在早晨有露水时收割，可选人工收获或者机械收获。

人工收获：将成熟的植株割倒后要轻放，尽量避免籽粒散失。割茬要低，不留底荚，放铺要规范，脱粒后进行机械清粮，脱净收净。割倒的大豆应及时运回脱粒，去杂晒干后入仓贮藏。

机械收获：不留底荚，割茬一般在 5~6 厘米为宜，这样做可使收割损失率较小，脱粒损失率较小，破损率较小，综合损失率较小。

贮藏应注意以下事项：

图 3-4 人工收割大豆

图 3-5 机械收割大豆

(1) 充分干燥

大豆富含蛋白质和水分，在高温下极易变性，所以脱粒后要及时晾晒，降低水分。需要长期储藏的大豆水分不宜超过 12.5%，含水量过高，储藏时极易霉变。在储藏时必须在低温条件下入库，尤其是晾晒后的种子，以免高温积热引起的蛋白质变质，必须将其摊开冷却后再入库储藏。入库时尽量选择阳光充足的干燥天气，切勿在雨天和潮湿天气入库储藏。

图 3-6 机械脱粒

图 3-7 场院晾晒

（2）种子不宜堆得过高

大豆种子储藏时，温度应低于 15℃。含水量低于 12%时，堆放高度不应超过 1.5 米，为了避免积热引起的变质，袋装以 8 个标准麻袋高为宜。如果温度和湿度高于以上这个标准，则要将堆的高度相应的降下来，在垛与墙之间、垛与垛之间合理地排列间距。

（3）适时通风

新入库的籽粒水分不均匀，加上后熟作用，呼吸作用旺盛，大豆堆内湿热积聚较多，若同时遇上气温下降的季节，极易出现结露现象。所以，在大豆入库储藏 3~4 周，要及时通风，散湿散热，增加大豆的耐储性。

（4）不宜和农药化肥同储藏

储藏大豆时应该专仓专用，储藏室里不能堆放化学肥料或农药，以防止化肥和农药挥发后产生有毒气体进入胚胎，导致大豆种子活力下降，降低其品质。

（5）低温封闭

在冬季储藏，可将大豆冷冻，采用低温密闭储藏，这样既可以隔绝外界温湿度的影响以及病虫害感染，又能防止浸油、霉变等，有利于保持大豆的品质。

47. 内蒙古地区适宜种植的主要大豆品种有哪些？各有什么特点？

“十三五”时期是内蒙古自治区大豆生产恢复的重要时期，也是优良品种选育和推广的关键时期。2016—2020年，内蒙古自治区共审定和认定的大豆品种42个，比“十二五”增加82.6%。其中，高油（≥21.5%）品种22个，高蛋白（≥43.0%）品种1个，蛋白含量≥40.0%品种13个，审定的优质品种数量明显增加，为满足种植结构的调整和消费多元化的需求提供了品种支撑和保障。生产上的优良品种得到大面积推广应用，呼伦贝尔、兴安盟推广黑龙江“黑河”系列，通辽市、赤峰市以“赤豆”“蒙科豆”系列中熟品种为主，内蒙古中西部地区由于种植面积正在恢复，种植品种较杂，部分品种为当地农家品种。

48. 大豆地膜覆盖种植主要技术优点有哪些?

（1）地面温度升高

众所周知，对于所有植物来说，温度都是生长所必需的，适当的温度不仅能让大豆健康生长，还能加速大豆植株生长速度，促进光合作用。覆膜技术就是将薄膜覆盖在地垄的表面，这样就形成了一种微型大棚的形式，白天充分吸收阳光，使覆膜内的温度较高，白天覆膜内的温度高于覆膜外的温度，随着天色渐晚，覆膜内仍能保持较高的温度。有研究表明，覆膜栽培的比正常栽培的日平均温度高 2°C 左右，但是一般这种温度升高都在地表面，随着土壤深度增加，温度升高的幅度在减少。一般地面温度升高就会使豆苗生长加速，促进了大豆根系的生长发育，促进大豆吸收水分和营养成分吸收的能力，为大豆产量增加做好重要的基础保证。

（2）土壤湿度增加

覆膜能大幅度降低水分蒸发，保持水分充足，例如，在黑龙江地区经常出现干旱，这样的干旱天气就会严重影响大豆的生长，充足的水分是植物生长必不可少的。覆膜技术最大的优点就是能够极大降低水分蒸发，保持土壤水分含量充足，从而保证了大豆植株的光合作用水分含量充足，进而对大豆的生长发育起到一定的促进作用，这样也会有效的缓解了干旱对大豆生长发育的影响。

（3）大豆植株根瘤菌数量增加

根瘤菌对大豆生长是至关重要的，根瘤菌生长在大豆的根部，一般对大豆生长有协同作用的都是有效根瘤菌数，根瘤菌能够使大豆的营养保持在平衡的水平，能加强化学氮肥的利用效率，并且也防止过量氮肥对环境的破坏，使大豆种植成本大幅度的降低。对于大豆这样的豆科植物来说，根瘤菌结瘤不佳，根系不够发达都会严重影响大豆的产量和质量。有关研究表明，采用覆膜技术的大豆根瘤菌数量较正常种植的大豆明显增加。

（4）大豆植株生物量增加

大豆植株的生物量增加主要是指大豆的根系发达、鲜重的增加、颗粒饱满程度等方面。大豆的根系发达，其吸收水分和营养成分就比较多，虽然利用的也多，但是吸收大于利用，所以总体来说就是使大豆植株吸收的营养增加。同时，植株吸收肥料的能力增强，大豆生长的就会比较壮实，这些变化总体来说就是使大豆的生物量极大增加。大豆的生物量增加就会使其营养物质积累增加，植株的根系向豆荚籽粒输送的营养物质大幅增加，产量就会明显增加。鲜重增加的比较明显主要是在多叶期，该时期地上部分平均增加 0.3g 的重量。

图 3-8　覆膜大豆幼苗期

图 3-9　覆膜大豆分枝期

49. 大豆地膜覆盖田间管理有哪些?

（1）化学除草

大豆除草剂要选择杀草谱广，持效期适中，不影响后茬作物的药剂，采用播前土壤处理技术，苗前施药比苗后施药药效稳定，成本略低、产量高、效益好。墒情正常时，大豆播后 3 天内进行土壤封闭处理，每公顷用 96%精异丙甲草胺 1000ml～2250ml，兑水 450kg～750kg 均匀喷施，除去一年生杂草和部分阔叶杂草。

（2）中耕管理

在大豆生育期内机械中耕三遍，第一遍中耕在大豆出苗期进行，第二遍中耕在大豆长出 3 片复叶时进行，第三遍中耕在封垄前进行。

（3）节水滴灌

依据大豆需水规律，实施膜下滴灌。大豆开花初期到鼓粒期间遇干旱应及时灌溉。

图 3-10　覆膜大豆化学除草

图 3-11　覆膜大豆分枝期

50. 大豆浅埋滴灌栽培技术有哪些要点?

（1）播种方法

滴灌栽培可用专用无膜浅埋滴灌精量播种机同时完成播种、开沟、施肥、铺管、镇压。采取 60cm + 40cm 宽窄行条播最佳，滴灌带铺设在两窄行之间，水分可有效的被根系吸收，以达到最佳节水效果。播种深度为 4~5cm，株距 6~7cm，播量每米下籽 18~20 粒。

（2）滴灌带的选择和铺设

在播种时，滴灌带迷宫面朝上，铺设在窄行之间，一根滴灌带灌两行大豆。铺管、播种一次完成。滴灌带铺完后，每隔 5~6 米用碎土将其压一下，以防风吹。播种后可铺设支管，以便泥土墒情较差时，可及时滴出苗水，以保证出全苗。

（3）田间管理

①疏苗匀苗

人工间、匀苗能提高大豆植株体内含糖量，有利于壮苗。在 2 片复叶期，逐行拔掉双苗、留单苗，做到匀留苗、留壮苗。

②中耕松土除草

无地膜覆盖时的杂草较有地膜覆盖难控制，田间大量杂草对大豆苗生长影响较大，应及时清除。利用滴灌技术，水分只浸透于作物根系，不易造成泥土板结，同时抑制杂草的滋生和蔓延，可减少中耕次数及人工除草的工作量。苗期中耕 1 次，耕深 15～18cm；定苗后，3～4 片复叶，第二次中耕，耕深 18～20cm。生长前期人工除草 1～2 次。

③及时灌水

根据大豆的需水规律，并结合实际降水量进行滴灌。播种后要及时滴出苗水，有利于达到一播全苗，滴水量为 25～30m^3/亩。大豆喜水，初花期滴头水以后，每隔 7～10 天滴一次水，灌水定额 15～20m^3/亩，全生育期滴水 9～10 次，灌水定额约为 200m^3/亩，比常规灌溉省水 40%左右。大豆开花到成熟期要维持窄行间湿润，不能出现土表干旱裂痕。当午后 14：00～15：00 点，植株上部叶片翻背，叶色暗绿，应及时灌水。对早熟、中早熟品种，因为植株生育期短，在开花初期可灌头水，以促苗早发。

④合理施肥

可溶于水的肥料在全生育期随水滴施，肥料可随水流直接送达到根系部位，肥料的利用率高，易被作物吸收，均匀可省肥 20%～40%。大豆苗期，随水滴施尿素 5kg/亩，磷酸二氢钾 1kg～2kg/亩。在盛花期至结荚期滴施 2～3 次，尿素 6kg～8kg/亩，磷酸二氢钾

2kg～3kg/亩，肥料每次滴施前和停滞前，都要留出足够的清水滴放时间，确保肥料有效渗入泥土，避免肥料留存于泥土外表，造成浪费。

叶面喷施：在大豆开花时，将钼肥和磷酸二氢钾配合喷施，用量为钼酸铵 20～25g/亩，加磷酸二氢钾 200g/亩，搅拌溶解并过滤后，于叶面喷施。滴灌技术能适时、准确地对大豆进行灌水，避免了常规大水量灌溉所造成的作物疯长，因此，可少用甚至不用植物生长调节剂来节制大豆植株的长势，降低投入成本。对于泥土肥力高、苗期生长旺的田地，可在大豆 4 片复叶及花期时，用 15%多效唑 20g～25g 兑水 35kg/亩进行叶面喷施，以防倒伏。大豆生长后期，多效唑、叶面肥、杀虫剂可同时施用，但原则上多效唑、叶面肥、杀虫剂相加的总用量不能超过 500g/亩，以防烧叶。

⑤适时收获

在收获前，应先人工收回滴灌带，整顿好以备工厂回收。大豆收获太早或太晚对产量均有影响，收获太早，未成熟荚果较多，收获太晚，荚果开裂容易掉粒，最适宜收获时期应该为黄熟末期，当大豆茎秆、豆荚变为褐色，豆粒达到半干硬时进行人工或机械收获。为防止炸荚，最好选择在空气湿度大的早晨进行。收获后，当种子含水量低于13%时进行入库储藏，防止发生霉变。

51. 什么是大豆简化栽培技术？

采用现代农业装备代替人工作业，减轻劳动强度，简化种植管理、减少田间作业次数，农机农艺融合，实现大豆生产轻便简洁、节本增效的栽培技术。

52. 应用大豆简化栽培技术成本是不是很高？

大豆简化栽培技术成本并不高。通过用现代技术替代传统技术，使大豆生产用工明显下降，大大降低了劳力成本。大豆简化栽培减少了病虫草害防治用工；合理运用化控化调技术，规范生产措施，降低了劳动力成本。

53. 大豆简化栽培技术有哪些要点?

（1）整地

①深松

间隔3~4年使用深松机或深松联合整地机深松整地1次，深度为35cm~40cm。深松后及时合墒、镇压。深松作业质量应符合NY/T 2845的要求。

②耕翻

秋季耕翻深度20cm~25cm，春季耕翻深度15cm~18cm。耕翻后随即耙耢平整。

（2）施肥

①底肥

结合整地一次性施入优质农家肥$2.25\times10^4kg/hm^2$~$3.0\times10^4 kg/hm^2$。

②种肥

结合播种施用N：$45kg/hm^2$~$60kg/hm^2$，P_2O_5：$35kg/hm^2$~$50kg/hm^2$，K_2O：$45kg/hm^2$~$55kg/hm^2$。

③追肥

分别在大豆初花期和结荚期用尿素$7.5kg/hm^2$~$15kg/hm^2$和磷酸二氢钾$2.5kg/hm^2$~$4.5kg/hm^2$兑水750kg进行叶面喷施。用植保无人机或大型喷雾机械进行作业。

（3）播前准备

①品种选择

按当地生态类型及市场需求，选择耐密抗倒、抗逆性强、适宜当地种植的大豆品种。

②种子处理

用含有 50%多菌灵、福美双和吡虫啉的种衣剂按药种比 1∶75 至 1∶100 进行种子包衣。

（4）播种

①播种时间

5cm~10cm 耕层土壤温度稳定在 10°C 以上即可开始播种。中西部地区适宜播期一般在 4 月下旬到 5 月上旬，东部地区适宜播期一般在 5 月中下旬。

②播种方法

根据不同地区选择种植方法。等行距种植：行距 40cm~50cm；宽窄行种植：宽行 60cm、窄行 40cm。单粒播：穴距 8cm ~ 10cm；多粒播：穴距 15cm ~ 20cm，每穴播种 2~4 粒。

③播种量和密度

根据地区、品种特性和技术要求确定播种量及种植密度。一般播种量在 $50kg/hm^2$ ~ $100kg/hm^2$。植株高大、分枝多的品种，积温高地区保苗密度 21 万株/hm^2 ~ 25 万株/hm^2；植株矮小、分枝少的品种，积温低的地区保苗密度 30 万株/hm^2 ~ 42 万株/hm^2。

④播种深度

播种覆土镇压后深度 3cm ~ 5cm，确保种子播在墒情良好的土层上。

⑤播种机具选择

根据当地需要的栽培模式因地制宜选用适合的大豆播种机。

（5）田间管理

①除草

播后苗前化学除草：墒情正常时，大豆播后 3 天内进行土壤封闭处理，用 96% 精异丙甲草胺 1000ml/hm^2 ~ 1500ml/hm^2 和 75% 噻吩磺隆 30g/hm^2 ~ 45g/hm^2 或者 96% 精异丙甲草胺 1000ml/hm^2 ~ 1500ml/hm^2 和 80% 唑嘧磺草胺 45g/hm^2 ~ 55g/hm^2，用药量下限兑水 450kg，用药量上限兑水 750kg 均匀喷施，防除一年生杂草和部分阔叶杂草。

苗后茎叶化学除草：大豆在第一对复叶展开时，用 48% 苯达松 1500ml/hm^2 ~ 2000ml/hm^2 和 5% 精喹禾灵 1500ml/hm^2 ~ 2000ml/hm^2，用药量下限兑水 300kg，用药量上限兑水 375kg 均匀喷施，防除一年生或多年生禾本科杂草。

第四篇

玉米大豆带状复合种植技术

54. 什么是玉米大豆带状复合种植技术?

玉米大豆带状复合种植是在传统间套作的基础上创新发展而来，带状复合种植改单一作物种植为高低作物搭配间作、改等行种植为大小垄种植，充分发挥边行优势，扩大低位作物大豆受光空间，实现玉米产量基本不减、增收一季大豆，是传统间套种技术的创新发展。该模式集成了品种搭配、扩行缩株、营养调控、减量施肥、绿色防控、封闭除草、机播机收等关键技术，集高效轮作、绿色增收、提质增效三位一体，实现了基础理论研究、应用技术（机具）和示范推广的有机结合，为扩大大豆种植、提高大豆产能开辟了新的技术路径。

图 4-1　玉米大豆带状复合种植技术示意图

这项技术是四川农业大学原副校长杨文钰及其团队近 20 年的科研成果结晶，集种养结合、间套轮作和绿色增效于一体，连续 12 年被遴选为农业农村部主推技术，2019 年荣获四川省科技进步一等奖。2022 年，玉米大豆带状复合种植技术被写入了中央 1 号文件，明确要求加大技术的推广力度。该技术对振兴大豆产业和保障国家粮食安全做出了重大贡献。

55. 玉米大豆带状复合种植有什么优势?

玉米大豆带状复合种植实现玉米和大豆的年际间交替轮作，充分利用空间和不同层次的光能，固氮作物与耗氮作物相互搭配，高秆作物与矮秆作物、碳四作物与碳三作物、长大叶片与圆小叶片搭配，边行优势明显。该模式集禾本科与豆科为一体，有效提高了光照、水分和养分等资源利用效率，在保证玉米产量的同时，增收了一季大豆，具有高产稳产、降低成本、提高经济效益等优点。

56. 玉米大豆带状复合种植有几种类型？分别有什么特点？

根据玉米大豆共生时间长短，带状复合种植可分为带状套作和带状间作。

带状套作共生时间小于全生育期的一半，大豆苗期受共生玉米影响较大，中后期处于净作条件，能充分利用时间和空间；带状间作共生时间大于全生育期的一半，大豆前期不受共生玉米影响，中后期受其影响较大，能集约利用空间。

图 4-2　带状套作

图 4-3　带状间作

按照用途划分，复合种植类型主要有籽粒型、鲜食型、青贮型和绿肥型。籽粒型是指籽粒玉米品种和籽粒大豆品种带状复合种植，收获的籽粒可以食用、饲用、加工用，是近几年研究最多、推广最多的模式。

图 4-4　带状复合种植成熟后的籽粒玉米品种和籽粒大豆品种

鲜食型是鲜食玉米品种和鲜食毛豆品种带状复合种植，收获后的玉米和毛豆用于鲜食，适合城郊型农业和乡村旅游采摘利用。

图 4-5　带状复合种植成熟后的鲜食毛豆和鲜食玉米

青贮型是粮饲兼用型玉米品种与青贮大豆品种带状复合种植、混合青贮，为草食牲畜提供优质全价混合青贮饲料。适合农牧交错区和草食性牲畜养殖区。

绿肥型是籽粒玉米品种与绿肥饲草大豆品种带状复合种植，玉米粒用，大豆直接还田肥用，适合轮作休耕和土壤瘠薄地区。

图 4-5　带状复合种植成熟后的粮饲兼用型玉米和青贮大豆

图 4-7　带状复合种植成熟后的籽粒
玉米品种与绿肥饲草大豆品种

57. 玉米大豆带状复合种植核心技术是什么?

带状复合种植包括“选配品种、扩间增光、缩株保密、机播匀苗、调肥控旺、防病控虫、机收提效”等几个核心技术要点。

图 4-8　玉米大豆带状复合种植图

58. 玉米大豆带状复合种植如何选择玉米品种?

玉米品种宜选用紧凑型、半紧凑型品种，选用株型紧凑、株高适中、适宜密植和机械化收割的高产品种。中上部各层叶片与主茎的夹角、株高、穗位高、叶面积指数等指标的特征值应为：穗上部叶片与主茎的夹角在21°~23°，棒三叶叶夹角为26°左右，棒三叶以下三叶夹角为27°~32°；株高260~280厘米、穗位高95~115厘米。

图 4-9　不合适的玉米品种（株型分散，株高过高）

59. 玉米大豆带状复合种植如何选择大豆品种?

应选择产量高、耐荫抗倒，有限或亚有限结荚型习性的品种。带状间作时，选择抗倒能力强、中早熟品种，成熟期单株有效荚数不低于该品种单作荚数的50%，单株粒数 50 粒以上，单株粒重 10 克以上，株高 55~100 厘米。带状套作时，选择玉米和大豆共生期大豆节间长粗比小于 19，抗倒能力较强、中晚熟品种，大豆成熟期单株有效荚数为该品种单作荚数的70%以上，单株粒数 80 粒以上，单株粒重 15 克以上。

不同地区大豆耐荫抗倒高产品种推荐。西北和东北春玉米春大豆带状间作区：中黄 30、中黄 318、中黄 322、吉育 441、东升 7 号、中吉 602 等；黄淮海夏玉米夏大豆带状间作区：石豆 936、邯豆 13、齐黄 34、濮豆 820、邯豆 19、皖豆 39、邯豆 15、潍科 23、圣豆127、华豆 19、潍豆 9、中黄 13、圣豆 5 号、中黄 74、安豆 203、中黄 76、中黄 80、郑 1307 和中黄 39 等；西南春玉米夏大豆带状套作区：贡选 1 号、贡秋豆 8号、南豆 12、南豆 25、桂夏 3 号等；西南春玉米春大豆带状间作区：川豆 16、黔豆 7 号、滇豆 7、云黄13 等。

图 4-10　选择适宜的大豆品种进行玉米大豆带状复合种植

60. 玉米大豆带状复合种植怎么扩间增光?

图 4-11 玉米大豆带状复合种植扩间增光示意图

综合考虑当地清种玉米大豆密度、整地情况、地形地貌、农机条件等因素，确定适宜的大豆带和玉米带的行数、带内行距、两个作物带间行距、株距。一般大豆带播种 2~6 行为宜，带内行距 20~40 厘米，株距 8~10 厘米（以达到当地清种大豆密度的 70%以上来确定），两个作物带间行距 60 厘米或 70 厘米（玉米带两行时，或大豆带 2~4 行时，建议两个作物带间行距 70 厘米，其他情况下，两个作物带间行距可 60 厘米）；玉米带播种 2~4 行为宜，带内行距 40 厘米，株距 10~14 厘米（根据达到当地清种玉米密度来确定），两个作物带间行距 60 厘米或 70 厘米。有窄幅式（机身宽 160~170 厘米）玉米收获机的地区，可重点推广两行玉米模式。通过玉米大豆不同间作模式，充分利用空间和不同层次的光能。

图 4-12　玉米大豆带状复合种植田间种植图

61. 玉米大豆带状复合种植技术要点中的缩株保密是什么意思?

确定模式的关键是要保证带状复合种植玉米密度与清种相当，大豆密度达到清种密度的 70%以上。根据土壤肥力适当缩小玉米、大豆株距，达到净作的种植密度，一块地当成两块地种植。西南地区玉米株距 13~14 厘米，播种密度 4500 粒/亩，有效株数力争达到 4000 株/亩以上（按 90%计）；大豆株距 10 厘米，播种密度 9100 粒/亩，有效株数力争达到 7800 株/亩（按 85%计）。黄淮海地区玉米株距 11 厘米，播种密度 4600 粒/亩，有效株数力争达到 4000 株/亩（按

90%计)；大豆株距 10 厘米，播种密度 10200 粒/亩，有效株数力争达到 8700 株/亩（按 85%计)。西北地区玉米、大豆单粒穴播或双粒穴播，玉米株距 12 厘米或 24 厘米，播种密度 5050 粒/亩，有效株数力争达到 4500 株/亩（按 90%计)；大豆株距 8 厘米或 16 厘米，密度 11300 粒/亩，有效株数力争达到 8500 株/亩（按 75%计)。

62. 玉米大豆带状复合种植如何播种?

播种前种子须提前进行清选、包衣拌种、晒种、发芽试验等处理，以提高出苗率，保证田间密度。一般土壤相对含水量不低于 60%时播种为宜，玉米播深 5~6 厘米，大豆播深 3~5 厘米。玉米用种 1. 8~2. 5 公斤/亩，大豆用种 4~5 公斤/亩。

优先推荐同机播种施肥一体化作业。覆膜地区选用大豆玉米一体化覆膜播种机，不覆膜地区选用大豆玉米一体化播种机。异机播种的，也可通过更换播种盘，增减播种单体，实现玉米大豆播种用同一款机型。带状套作需先播玉米，在玉米大喇叭口期至抽雄期再播种大豆。

图 4-13　大豆玉米一体化覆膜播种机

图 4-14　玉米大豆密植分控施肥播种机

机械播种时应注意：播种过程中要保证机具匀速直线前行，建议机械式排种器行进速度每小时3~5公里，气力式排种器每小时6~8公里；转弯过程中应将播种机提升，防止开沟器出现堵塞；行走播种期间，严禁拖拉机急转弯或者带着入土的开沟器倒退，避免造成播种施肥机不必要的损害；当种子和肥料可用量少于容积的三分之一时，应及时添加种子和化肥，避免播种机空转造成漏播现象；转弯时两个生产单元链接处切忌过宽，玉米窄行距应控制在40厘米，大豆带中的行距应控制在30~40厘米。

63. 玉米大豆带状复合种植如何施肥？

统筹考虑玉米大豆施肥，增施有机肥料，控制氮肥用量，保证磷钾肥用量，适当补充中微量元素。鼓励接种大豆根瘤菌，减少大豆用氮量，保证玉米用氮量，相对清种不增加施肥作业环节和工作量，实现播种施肥一体化，有条件的地方尽量选用缓控释肥。

从施肥量看，带状复合种植亩施氮量比单作玉米、单作大豆的总施氮量可降低3~4公斤，但须保证玉米单株施氮量与清种相同，否则影响玉米单产。带状间作玉米选用高氮缓控释肥，每亩施用50~65公斤（折合纯氮14~18公斤/亩，西北地区可适当高些），大豆

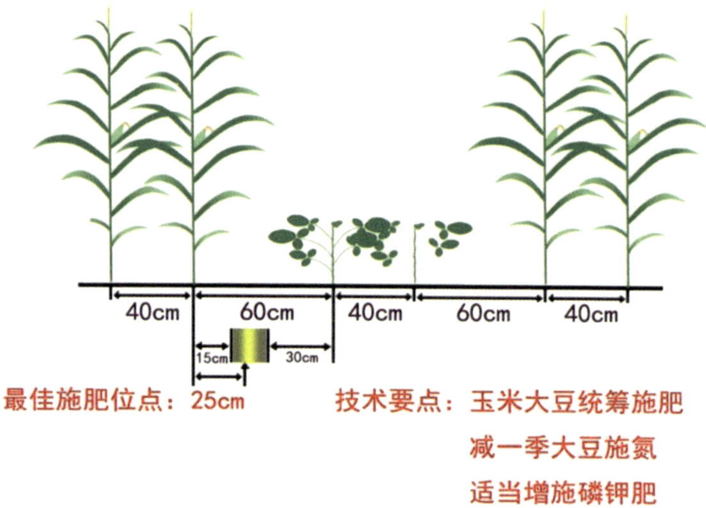

图 4-14　玉米大豆带状复合种植施肥技术示意图

选用低氮缓控释肥，每亩施用 15~20 公斤（折合纯氮 2~3 公斤/亩）。带状套作播种玉米时每亩施 20~25 公斤玉米专用配方肥，玉米大喇叭口期结合机播大豆，距离玉米行 20~25 厘米处每亩追施配方肥 40~50 公斤（折合纯氮 6~7 公斤/亩），实现玉米大豆肥料共用。

采用一次性施肥的，在播种时以种肥形式全部施入，肥料以玉米、大豆专用缓释肥或配方肥为主，如玉米高氮专用配方肥或缓控释肥每亩 50~70 公斤、大豆低氮专用配方肥每亩 15~20 公斤。利用 2BYSF-5（6）型播种施肥机一次性完成播种施肥作业，玉米施肥器位于玉米带两侧15~20厘米开沟、大豆施肥器则在大豆带内行间开沟。需要整地的春玉米带状间作春大豆模式可采用“底肥+种肥”两段式施肥，底肥采用全田撒施低氮配方肥，用氮量以大豆需氮量为上限（每亩不超过4公斤纯氮），播种时对玉米添加种肥，以缓释肥为主，施肥量参照当地单作玉米单株用肥量，大豆不添加种肥。不整地的夏玉米带状间作夏大豆模式可采用“种肥+追肥”两段式施肥，利用带状间作施肥播种机分别施肥，大豆施用低氮配方肥，玉米按当地单作玉米总需氮量的一半（每亩6~9公斤纯氮）施玉米专用配方肥，在玉米大喇叭口期再追施尿素或玉米专用配方肥（每亩6~9公斤纯氮）。西南带状套作区可采用“种肥+追肥”两段式施肥，即玉米播种时每亩施25公斤玉米高氮专用配方肥，玉米大喇叭口期将玉米追肥和大豆底肥结合施用，每亩施纯氮7~9公斤、五氧化二磷3~5公斤、氧化钾3~5公斤，肥料在玉米带外侧15~25厘米处开沟施入。不能施缓释肥的地区可采用底肥、种肥与追肥三段式施肥，底肥以低氮配方肥与有机肥结合，每亩纯氮不超过4公斤，有机肥可施用畜禽粪便堆肥每亩300~400公斤，结合整地深翻土中，种肥仅针对玉米施用，每亩施氮量10~14公斤，追肥通常在基肥与种肥不足时施用。

玉米追氮时，切忌漫灌施肥和全田撒施，否则大豆出现旺长，产量严重下降。

图 4-15　结合耥耘追施氮肥

64. 玉米大豆带状复合种植如何除草?

玉米大豆带状复合种植除草采取“封定结合”的杂草防除策略，即采用播后芽前封闭与苗后定向茎叶喷药相结合的方法防除杂草，优先选择芽前封闭除草，减轻苗后除草压力，苗后定向除草要抓住出苗后 1~2 周杂草防除关键期。

带状间作区在播后苗前，对于以禾本科杂草为主的田块，用96%精异丙甲草胺乳油进行封闭除草，对于单、双子叶杂草混合危害的田块，可选用96%精异丙甲草胺乳油+80%唑嘧磺草胺水分散粒剂（75%噻吩磺隆水分散粒剂）兑水喷雾。带状套作区如果玉米行间杂草较多，在大豆播前4~7天，先用微耕机灭茬后，再选用50%乙草胺乳油+41%草甘膦水剂兑水定向喷雾，注意不要将药液喷施到玉米茎叶上，以免发生药害。

图4-16　除草时，茎叶定向喷雾加隔板或隔帘

芽前除草效果不好的田块，在玉米、大豆苗后早期应及时喷施茎叶处理除草剂。喷药时间一般在大豆2~3片复叶、玉米3~5叶期，杂草2~5叶期，根据当地草情，在植保技术人员指导下，选择玉米、大豆专用除草剂实施茎叶定向除草。除草时间过早或过晚均易发生药害或降低药效。苗后除草要严格做好两个作物间的隔离，严防药害。后期对于难防杂草可人工拔除。在选择茎叶处理除草剂时，要注意选用对临近作物和下茬作物安全性高的除草剂品种。

65. 玉米大豆带状复合种植如何收获？

有玉米先收、大豆先收和玉米大豆同时收三种模式。

玉米先收适用于玉米先于大豆成熟的区域，主要在西南带状套作区及华北带状间作区。该模式播种时应在地头种植玉米，收获时先收地头玉米，利于机具转行收获，缩短机具空载作业时间，选择宽度不大于大豆带间距离的玉米收获机来收获。

大豆先收适用于大豆先于玉米成熟的区域，主要在黄淮海、西北等地的带状间作区。该模式播种时应在地头种植大豆，收获时先收地头大豆，利于机具转行收获，缩短机具空载作业时间，选择宽度不大于玉

图 4-17　先收大豆再收玉米

米带间距离的大豆收获机。

大豆玉米同时收适用于玉米大豆成熟期一致的区域，主要在西北、黄淮海等地的间作区。该模式有两种形式：一是采用当地生产上常用的玉米和大豆机型，一前一后同时收获玉米和大豆；二是对青贮玉米和青贮大豆采用青贮收获机同时收获粉碎。

图 4-18　青贮玉米大豆同时收获

图 4-19　大豆玉米同时收获

（两台收获机分别收获）

66. 玉米大豆带状复合种植病害如何防治?

大豆玉米带状复合种植与单作玉米、单作大豆相比，各主要病害的发生率均降低。田间常见玉米病害有叶斑类病害（大斑病、小斑病、灰斑病等）、纹枯病、茎腐病、穗腐病等，其中，以纹枯病、大斑病、小斑病、穗腐病发生普遍；常见大豆病害有大豆病毒病、根腐病、细菌性叶斑病、荚腐病等，其中病毒病和细菌性叶斑病为常发病，根腐病随着种植年限延长而加重。在大豆结荚期，如遇连续降雨，大豆荚腐病发生较重。玉米的遮挡有利于降低大豆害虫的侵害，特别是减少斜纹夜蛾、蚜虫和高隆象等虫害的发生。总体上采取“一施多治、一具多诱”的防控策略，针对发生时期一致且玉米和大豆的共有病虫害，采用广谱生防菌剂、农用抗生素、高效低毒杀虫、杀菌剂等统一防治，达到一次施药、兼防多种病虫害的目标。利用智能 LED 集成波段杀虫灯和性诱器诱杀害虫，并在此基础上，结合无人机统防三次病虫害，时间为大豆苗后 3~4 叶、玉米大喇叭口–抽雄期、大豆结荚–鼓粒期，采用“杀菌剂、杀虫剂、增效剂、调节剂、微肥”五合一套餐制施药。

图 4-20　赤眼蜂防治玉米螟

67. 玉米大豆带状复合种植有哪些好处?

玉米大豆带状复合种植模式具有“高产出、可持续、机械化、低风险”等优势，集种养结合、高效轮作和绿色高效于一体，克服了传统玉米大豆间套作田间配置不合理、难以机械化、生产效率低、经济效益不高等问题，是农业供给侧结构性改革和农业新旧动能转换的新选择，真正实现了良种良法配套、农机农艺结合、生产生态双赢。

大豆-玉米间作，在空间上结构互补，增加受光面积，增强光合作用，获得较多的边际效应，提高群体通风透光效果，促进田间氧气和二氧化碳的交流。大豆根瘤菌根圈固氮为玉米提供氮素，通过根际互作提高根系对土壤中营养元素的分解和吸收，同时可以阻断病虫害的发生与传播，提升籽粒品质，达到增产、增效、控病的效果。大豆和玉米组成的生态群落一高一低错落分布，增强了环境适应性，并在养分需求上具有较好的互补状态，从而达到生产上减少投入、增加产出的效果。该技术稳粮增豆，是扩大大豆种植面积、提升大豆产能的有效途径，对保障国家粮食安全，特别是大豆玉米安全具有重要战略意义。

68. 玉米大豆带状复合种植能减少大豆的进口量，是真的么？

海关总署发布数据，2021 年 1～12 月，中国进口大豆 9651.8 万吨，同比下降 3.8%。看似大豆进口量下降了，但进口总量仍接近 1 亿吨，这个数字并不算少。2020 年，我国大豆进口量为 10031.5 万吨。2021 年，我国的大豆产量仅有 1640 万吨，进口依存度为 85.5%，大豆的自给率仍维持在 17%左右。从上述数据不难看出，我国的大豆生产形势非常严峻，需求量极大，而产量极少，必须依赖大量进口才能满足需求。正是在这样的大背景下，扩种大豆成为一项重要的任务。玉米大豆带状复合种植技术在全国推广，技术到位率足够高，达到玉米基本不减产、增收一季大豆的目标，国产大豆产量增加，进口量就会有所减少。

69. 你知道玉米大豆带状复合种植技术在全国推广，能增加多少大豆产量吗？

2003 年开始，农业农村部组织开展了大豆玉米带状复合种植试点，通过改单一作物种植为高低作物搭配间种，改等行种植为大小垄种植，改作物连种为年际间的轮作，将传统的间套种技术与机械化、标准化的种植融合创新，能高效利用光温资源，充分发挥边行优势。比如两行玉米间套四行大豆，通风透光条件非常好，玉米基本不减产，增收一季大豆。比如，2021 年内蒙古包头带状复合种植，平均一亩地的春玉米产量能达到 802 公斤，套种的春大豆产量能达到 91 公斤；河北藁城带状复合种植，平均 1 亩地的夏玉米能达到 517 公斤，夏大豆达到 102 公斤。全国的大豆平均单产水平 130 公斤左右。所以玉米没有减，多收了一季大豆。2021 年全国大豆玉米带状复合种植面积已经达到 700 多万亩，模式现在已经基本成熟。下一步，将在适宜品种、适宜机具、适宜除草剂等环节进一步完善提升，最大限度发挥这种模式的潜力。这是 2022 年农业农村部在扩大大豆油料生产中主推的最主要的技术措施，力争新增面积 1500 万亩。按每亩多收 80-100 公斤大豆计算，能增加大豆产量 12 亿斤。

70. 玉米大豆带状复合种植技术操作起来很麻烦，是真的吗?

与传统的单作相比，带状复合种植在播种和收获时会相对有些麻烦。但是随着技术的研发和推广、机械化率的逐步提升，玉米大豆带状复合种植技术的操作会越来越简单。目前，四川农业大学以及很多农机生产研发企业已经研制出了不同种植模式的播种机、打药机和和收割机。如 2BYFSF—2（3）型玉米—大豆带状套作施肥播种机、2BYFSF—6 型或 2BMFJ—PBJZ6 型玉米—大豆带状间作施肥播种机、2BYFSF—5 型鸭嘴式玉米—大豆带状间作施肥播种机。还有植保用的自走式高地隙喷杆喷雾机，收获用的小型玉米联合收获机和 GY4D-2 型窄型大豆联合收获机等。随着技术、农机的不断研发，大豆玉米带状复合种植机械化技术的推广，该技术的操作会逐渐简化。

71. 玉米大豆带状复合种植技术，能实现全程机械化吗?

实践证明，全程机械化对解决玉米大豆带状种植制约瓶颈、促进农业生产发展有重要推动作用，发展前景广阔。四川农业大学张黎骅教授团队以农机与农艺高度融合为基础，机具高效、优质为目标，成功研制了适用于玉豆带状种植模式的种、管、收机具，制定了玉米 - 大豆带状复合种植全程机械化技术规程，突破了目前间套作难以全程机械化的瓶颈，填补了间套作成套作业机具的空白，实现了高产与高效的统一。

播种是保障作物生产提质增效的关键节点，针对套作种植带变窄、大豆株距缩至 8~12cm、种植密度增加等农艺特点，与企业合作研制了 2 行和 3 行的玉米-大豆套作播种机，设计出总宽小于 1.6m 的拖拉机和 2~3 行的大豆播种机。

目前适用于带状复合种植模式的田间管理机具也在研发和推广中，如具有分带幕板、双施药变量喷雾系统和风幕辅助气流系统的自走式高地隙喷杆分带喷雾机。

该团队研发的收获用的小型玉米联合收获机采用轻量化设计的轻简型割台，使整机质量降低，湿地作业通过性提高；采用高地隙、超宽高齿高花履带，轨距为1250mm，抗倾覆能力强；割台采用了主动喂入的不对行收获技术以及滚刀-凹板组合式低损伤技术；剥皮装置采用了四轴自动适应技术等。GY4D-2型窄型大豆联合收获机总宽度小于1.6m、长度小于4.3m，可在玉米宽行中作业。割台采用单动刀，离地高度降低至0.05m，减少了割台损失；脱粒装置增大秸秆导入角，增加秸秆排出钉齿和脱粒滚筒钉齿数量等，解决了大喂入量下脱离装置堵塞难题。采用球柱组合钉齿，降低了对大豆的冲击和大喂入量下的籽粒破碎率。采用双风道组合振动筛技术，降低了含杂率；采用秸秆粉碎、秸秆回收等功能集聚，实现了秸秆粉碎还田和回收；底盘采用HST履带驱动，重心低、稳定性好。机具的成功研制，对玉米大豆带状种植技术的推广有重要推动作用。

目前，不论是国家、政府，还是种植技术科研团队、农机生产研发企业，他们都在不断优化完善政策，不断创新种植技术，不断研发生产适合新形式、新技术条件的农机，他们在为推动大豆自给目标，“端稳中国人自己的饭碗”，保障国家粮食安全而努力。

72. 采用玉米-大豆带状复合种植技术，对地域有限制吗？

凡种植玉米、大豆的区域都适合发展玉米-大豆带状复合种植。其中，东北、华北和黄淮海区域适合带状间作种植，西南区域适合带状套作种植。

73. 什么是鲜食大豆？

鲜食大豆也叫毛豆或菜用大豆，是指处在 R6（鼓粒期）至 R7（初熟期）生育期间，豆荚鼓粒饱满，荚色、子粒色翠绿时采青食用的总称，属大豆的专用型品种。它不仅可以指菜用鲜豆荚，有时也可以表示去荚后的鲜豆粒。

74. 鲜食大豆有什么特点？

鲜食大豆不仅产量高、风味好、经济效益高，而且富含植物蛋白、多种氨基酸、维生素及磷、钙、铁等矿物质，还含有大量卵磷脂、异黄酮等抗衰老功能因子，对调节人们膳食结构和改善营养状况具有重要作用，是被公认的安全保健食品。可加工成青豆浆、青豆腐、绿豆奶及各种膨化小吃，深受海内外消费者欢迎。

75. 鲜食大豆适宜种植范围?

20 世纪 80 年代后，我国南方各省的鲜食大豆发展迅速，主产区有浙江、福建、江苏、四川、安徽等，每年鲜食大豆栽培面积达到 15~20 万 hm^2，平均鲜荚产量为 5025kg/hm^2，已经成为对外出口的主要基地，其中，我国速冻鲜食毛豆出口量约占世界速冻鲜食毛豆总量的 52%，主要出口日本、美国、澳大利亚和欧洲各国。经过 20 多年的发展，春播鲜食大豆已不仅限于长江流域大面积种植，种植区域遍及大江南北，东北地区成为全国春播鲜食大豆繁育基地，经济效益和社会效益显著提高。

76. 鲜食大豆栽培技术和普通大豆有何不同?

鲜食大豆籽粒大于普通大豆，在种子发芽出苗过程中需要吸收大量的水分；在栽培的密度和养分的需求上都有别于一般大豆，种植密度不宜过大，否则会影响豆荚的生长发育。而鲜食大豆植株生长较普通大豆生长繁茂，需要小密度种植，否则造成单株结荚少，豆荚发育不良，秕荚增多，产量降低。

第五篇

大豆杂种优势利用以及新品种选育

77. 什么是品种?

品种，通常指物种内具有共同来源和特有性状，经过人工选择和培育，具有一定经济价值和共同遗传特点，并且具有同一共性的生物体。

78. 优良品种在农业生产中的作用是什么?

（1）大幅度提高单位面积产量

优良品种的基本特性之一是具有丰产性，增产潜力较大。丰产性是一个综合性状，它要求品种在资源环境条件优越时能获得高产，在资源环境条件欠缺时能保持稳产。

（2）改善和提高农产品品质

我国品种选育近十几年来在重视高产品种选育的同时，也注意提高品种的优质性，并取得了较大的成果。优质良种是提高农产品品质的必由之路，它更符合市场经济发展的要求，更有利于商品生产。

（3）减轻和避免自然灾害的损失

优良品种对常发的病虫害和不良的生长环境具有较强的抗耐性，可以保持稳产和防止品质变劣。

（4）扩大作物栽培地区

改良的品种具有较广阔的适应性，采用这样的良种可以扩大该作物的栽培地区，从而提高该作物的种植面积。

（5）提高农业生产经济效益

在农业增产的诸多因素中，选育推广优良品种是投资少、经济效益高的技术措施。据相关资料介绍，美国对玉米种子研究工作的投资效益为 1∶400。

（6）有利于机械化生产，提高劳动生产率

实现大田作物的机械化作业，要求配置适合机械化作业的品种。如棉花的生产中，一些先进国家已培育出株型紧凑、适于密植、吐絮早而集中、苞叶能自动脱落的新品种，基本符合机械化收获的要求，有力地促进了棉花机械化生产。

79. 什么叫大豆杂交种?

杂交大豆是指用两个自交系杂交生产的杂种大豆。大豆杂交种一般较普通大豆品种增产 15%～20%。现有的杂交种多是通过“三系”法生产的，具有较强的杂种优势。

80. 什么是大豆的杂种优势?

杂种优势是指 2 个遗传特性不同的亲本有性杂交，产生的杂种 F_1 在生长势、抗逆性和适应性等方面明显优于双亲的现象。大豆在花蕾开放之前已经完成授粉，是严格的自花授粉作物。雄性不育是杂种优势利用的重要途径之一，特别是在自花授粉作物和常育花授粉作物中。目前在大豆上应用比较广泛的是细胞核雄性不育、光温敏雄性不育和细胞质雄性不育。

81. 大豆杂种优势利用有几种途径?

雄性不育是杂种优势利用的重要途径之一，特别是在自花授粉作物和常异花授粉作物的育种中，雄性不育显得尤为重要。目前在大豆上应用比较广泛的是细胞核雄性不育、光温敏雄性不育、细胞质雄性不育。一般情况下，细胞核雄性不育和光温敏雄性不育受遗传和环境影响较大，会有不育和可育的分离，由于大豆不育株在田间鉴定困难，需在实验室用碘-碘化钾镜检来确定，这在一定程度上限制了其杂种优势的利用。

82. 杂交大豆有哪些好处？

大豆杂交种一般较普通大豆品种增产 15%～20%。目前，我国已有多个杂交种通过审定。现有的杂交种多是通过“三系”法生产的，具有较强的杂种优势。

83. 目前都有哪些杂交大豆品种，都适合什么地区？

我国杂交大豆研究单位包括吉林省农业科学院、山西省农业科学院农作物品种资源研究所、南京农业大学、安徽省农业科学院、安徽省阜阳农业科学研究院、河北省农林科学研究院、黑龙江农业科学院绥化分院、黑龙江农业科学院佳木斯分院、吉林农业大学等。

其中，吉林省农业科学院大豆研究中心杂交大豆研究团队在 2002 年育成了世界上第一个大豆杂交种“杂交豆 1 号”。近几年已育成适宜大豆主产区种植的系列杂交大豆品种 28 个，中晚熟品种平均增产 20%以上，中熟、中早熟品种平均增产 15%以上。杂交豆 2 号最高产量达 355.5 公斤/亩，曾创吉林省高产纪录。杂交种选育工作在追求高产的同时，也兼顾了制种产量与品质。4 个品种高优势与高制种产量兼顾，15 个品种脂肪含量超过 21%的农业部高油大豆标准，3 个品种蛋白质+脂肪含量达到 63%的国家优质大豆标准，4 个品种蛋白质含量超过 42%。目前，多个杂交种已在生产上应用，为大豆单产提升开辟了新的途径。

目前，北方地区春大豆有杂交豆 1 号、杂交豆 2 号、杂交豆 4 号、5 号以及部分吉育系列品种，如吉育 635、吉育 639、吉育 641、吉育 643、吉育 653、吉育 654 等，主要是吉林省农业科学院选育而成。

在黄淮夏播区，7 个杂交种通过了安徽省品种审定，其中安徽省农业科学院育成 4 个，阜阳市农业科学院育成 3 个。2004 年审定的杂优豆 1 号和 2010 年审定阜杂交豆 1 号，区试平均增产分别达 15.4%和 20.6%。山西省农业科学院（山西农业大学）在 2014 年审定了山西省第一个大豆杂交种——晋豆 48 号。

84. 杂交大豆能自己留种吗?

大豆杂交种种子只能种植一代，由杂交种生产出的大豆只能作为商品豆，第二年（季）不能作为种子使用。

85. 提高杂交大豆制种产量的措施是什么？

1. 选育优质的三系材料
2. 适当扩大父母本的种植行比
3. 选择环境适宜的制种地块
4. 培养和创造野生昆虫适宜的生态环境
5. 人工放蜂辅助授粉
6. 利用化控技术提高杂交大豆制种产量

86. 杂交大豆栽培同常规大豆栽培有什么不同，应注意什么问题？

种植大豆杂交种需注意几个问题：第一，应根据当地无霜期和耕作制度选用适宜熟期的杂交种；第二，大豆杂交种一般生长发育得较繁茂，应根据土壤条件确定适宜的种植密度，一般应较普通大豆种植得稀疏一些；第三，若在土壤肥力高、降雨量大的条件下种植，应适当采取控制生长的措施，如在开花之前喷施多效唑、烯效唑、三碘苯甲酸等生长抑制剂；第四，大豆杂交种种子只能种植一代，由杂交种生产出的大豆只能作为商品豆，第二年（季）不能作为种子使用。

87. 大豆“三系”是指什么?

大豆“三系”是指相互配套的雄性不育系、雄性不育保持系、雄性不育恢复系。

88. 什么叫大豆雄性不育系?

大豆雄性不育系（简称不育系），是指雄蕊发育异常，失去受精能力，雌蕊正常，具有受精能力，且这一特性能稳定遗传。不育系在套袋或其他隔离条件下不能自交结实。

89. 什么叫大豆雄性不育保持系?

大豆雄性不育保持系（简称保持系），应是一个纯系或纯的品种，群体整齐，花药发达，花粉量多，自交结实正常，保持系与不育系主要性状基本一致。保持系的特点是以其花粉给不育系授粉，所产生的下一代仍是不育系，保持系能将不育系的不育特性一代代地保持下去。

90. 什么叫大豆雄性不育恢复系?

大豆雄性不育恢复系（简称恢复系），其特点是用其给不育系授粉后，杂种一代育性恢复正常，恢复系的农艺性状和恢复能力应整齐一致。

91. 三系法是怎样运行的?

三系杂交种=不育系×恢复系，不育系=不育系×保持系，保持系=保持系×保持系。

这三系中只有不育系是没有花粉的，通过保持系来保持它的不育性，不育系做母本由恢复系做父本恢复它的可育性，长出的种子才能开花结果。保持系和恢复系都有花粉可以自己繁殖。

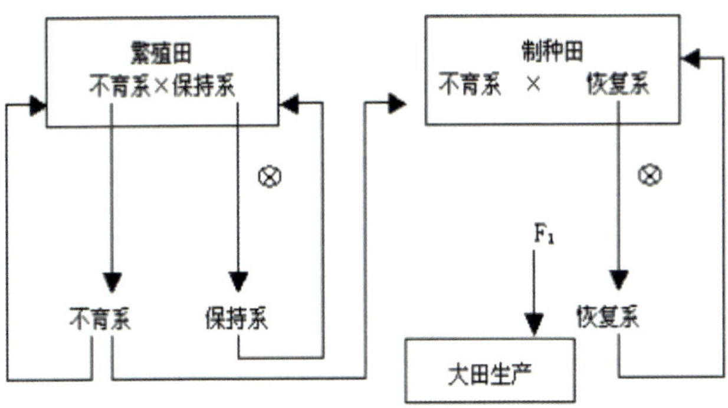

图 5-1　三系法杂种优势利用流程图

92. 大豆杂交方法有哪几种?

大豆杂交方法有传统去雄法和整体去雄法两种。传统去雄法是用左手的拇指和食指轻捏花柄，右手用手指固定在植株主茎上，轻轻用镊子分开旗瓣，摘除翼瓣和龙骨瓣，用镊子尖轻夹花粉管并剥离，然后去除雄蕊，将旗瓣还原包裹柱头。

整体去雄法是用左手拇指和食指轻捏花柄和花朵基部，右手用镊子先把全部的花萼向下或斜向下撕去，露出花冠，从旗瓣向龙骨瓣方向斜向下（与花柄呈约45度角）夹住花瓣上部约三分之一处，微微斜向旗瓣方向拔起，若操作得当，可一次去雄干净。

图5-2 大豆杂交方法之整体去雄法

93. 提高杂交成功率应注意什么？

（1）在整个杂交期间，要保证杂交圃，特别是母本区的土壤水分充足，使小环境空气湿度较高。可于齐苗后，分别将每个窄行的母本小区打成畦，杂交时遇天气干旱，定期往畦内灌水，保持畦内土表一直粘湿，甚至积水。

（2）选择花朵时，一定不能选择靠近过道的第一株，也不能在一株上做过多朵数，以免倒折，降低杂交成功率。

（3）选择花朵时，一定要选择健壮植株主茎的中上部节位的花朵，尽量不选择侧枝，不选择顶端花序，尤其是侧枝的顶端花序。

（4）摘取父本的花朵时一定要根据天气的不同，采用不同的标准，即晴天时采集将要开放而未开放的花朵，阴天时采集刚刚开放的花朵，保证花粉团的干燥和活力。

（5）防治食柱头害虫。授粉时，倘若发现去雄花的柱头或整个花柱缺失，很可能为二条叶甲或蓟马等所食，一经察觉，要立即喷施杀虫剂。

94. 大豆杂种后代选择的具体做法是什么？

在当地的自然条件下，对杂种后代根据育种目标进行培育和选择，是杂交育种的重要环节。

杂种第一代（F_1）：对照亲本性状，鉴别并淘汰假杂交个体。选择健壮、无病的真杂交植株。

杂种第二代（F_2）：是性状分离比较复杂的世代，出现具有倾向父母本的性状、中间性状和超亲现象。也是选择的重要世代，在选择上以百粒重、株高、单株荚数、秆强度及抗病、抗虫能力等性状为重点，淘汰不良组合。

杂种第三代（F_3）：是主要经济性状继续分离的世代，就频率来看，部分组合的分离比 F_2 代有明显缩小的趋势，少数品系开始稳定。要严格淘汰不良组合和不良株系。对仍在分离的优良株系，继续按单株进行选择。

杂种第四、第五代（F_4、F_5）：大部分材料在产量性状上已趋于稳定。选择时应以产量性状为主，除生态类型差异较大、亲缘关系较远的组合之外，F_5 代一般不再进行单株选择。入选的品系要进行考种和测产，产量水平和综合性状应超过标准品种。

95. 一般获得雄性不育材料有几种途径?

（1）从自然界大豆田中选出雄性不育材料

（2）采用理化处理，产生雄性不育材料

（3）通过人工杂交，产生雄性不育材料

96. 什么叫两系法?

所谓两系法，即利用雄性不育系自我繁殖，与恢复系配制生产杂交种，省出了保持系。

图 5-3　大豆恢复系、不育系对比图

97. 两系法的优点是什么?

（1）由于不育系能自交保持，故在种子生产中只需要不育系和恢复系即可，从而简化了原种繁殖和种子生产程序，有利于降低成本、提高效益。

（2）由于育性受细胞核基因控制，育性表现与细胞质无关，较易育出更多类型的雄性不育系，而这些不育系与所有大豆品种杂交，F_1 代正常结实，从而避免了质核互作雄性不育性的恢保关系对 F_1 的育性制约，从而比三系法配制组合更自由。

（3）在新的光（温）敏核不育系的选育方法上，既可以通过连续隔代回交，以选育某一品种的不育系，也可以采用多亲本的复合交（两个或两个以上的核不育系的杂交），以便从第一个育性分离世代中选育出新的核不育系，从而摆脱三系法中雄性不育系的转育必须采用严格而繁琐的成对回交选育方法，并容易实现不育系的多类型化。

第六篇

大豆繁种技术

98. 什么是大豆优良品种？

品种比较优质，蛋白脂肪含量高，而且突破了抗倒、抗病、丰产的瓶颈。抗病害，产量高，肥水要求充足，抗病毒病，结荚属性好，籽粒饱满。

99. 大豆良种有标准吗，一般要求是什么？

1. 适应气候条件和耕作制度。选用与当地光照条件、温度状况和轮作制度相适应的对路品种。春大豆区应选用短光照性弱的生育期在 110~140 天的熟期类型品种种植。

2. 土壤肥力和栽培条件。大豆不同品种对土壤肥力和栽培条件的适应性不同。在土壤肥沃、雨水充沛、栽培条件较好的地区，应选用喜肥水、茎秆粗壮、主茎发达、株高中等、开花多、结荚密、抗倒伏、中大粒、丰产性能好的有限或亚有限结荚习性品种；在土壤肥力较差或干旱地区，则应选用植株高大、耐瘠薄、抗干旱、开花期长、着荚分散、中小粒、抗逆性强的无限结荚习性品种。

3. 分析当地病虫害发生情况。病虫害对大豆的危害程度因品种而异，所以要根据当地病虫害发生的情况，选用抗性强的品种。

4. 考虑机械化作业条件。机械化程度较高的大豆产区，为了利于机械收割和脱粒，需要选用植株高大、直立不倒、主茎发达、株型紧凑、结荚部位高、成熟时落叶性好、不易炸荚及种皮不易破裂等特性的大豆品种。

5. 结合栽培目的性和实用性。不同栽培目的，对品种有不同的选择。作籽粒用，宜选择粒型中等，种脐色淡、种皮光泽度好、外型美观的黄色圆粒大豆。以榨油为目的，应选择脂肪含量在21.5%以上的品种。以摄取蛋白为目的，应选择蛋白质含量在45%以上的品种。如蛋白质、脂肪兼用，则应选用二者含量合计在63%以上的品种为宜。

100. 大豆优质品种有哪些特点，有具体的标准吗?

优质专用大豆的类型与品质指标：

1. 高蛋白质含量大豆：蛋白质含量45%以上。

2. 高脂肪含量大豆：脂肪含量23%以上。

3. 双高含量大豆：蛋白质43%，脂肪21%。

4. 高豆腐产量大豆：豆腐产量高10%~20%。

5. 无（低）营养成分抑制因子大豆：无胰蛋白酶抑制剂或无脂氧化酶。

6. 适于出口的小粒豆：百粒重15~16克。

7. 适于菜用的大粒大豆：鲜荚长5.3厘米，荚宽1.3厘米；含糖量7%，含蛋白质36%~37%。

8. 高异黄酮含量大豆：黄酮含量达0.5%~0.7%。

101. 我国大豆有地方名优品种吗，有哪些？

地方品种或称农家品种，是豆农在长期的农业生产活动中，采取优中选优或单株传等方法，培育出的大豆品种，由于中国大豆种植区域广泛，在不同栽培制度中形成了众多的大豆地方品种。地方品种的最大特点是类型丰富，适应性强，符合当地生产条件及利用要求。全国各地都有一些很有名的大豆地方品种，如江西的上饶大青丝、上海的奉贤穗稻黄、江苏的泰兴黑豆、湖北的猴子毛、贵州的六枝六月黄、四川的成都田坎豆等。浙江则有四大名豆——兰溪大青豆、平湖粗黄豆、平湖元青豆和嘉兴青皮青仁。在东北和内蒙古地区有黑河小黄豆、元宝金、吉林茶里花、六十天还仓、白城秣食豆、黄宝珠、青仁黑豆、大粒黑等，还有北京小黑豆、棵半斤、棵八两等地方品种。这些地方品种曾在生产上发挥重要作用，有的还是大豆区域试验的对照品种，如泰兴黑豆曾是长江春大豆早熟组的对照种，猴子毛是长江夏大豆区域试验对照种，直到 20 世纪 90 年代后期，才被改良品种取代。

102. 什么叫大豆良种繁育?

育种家培育出来的种子扩繁 1—3 代的种子为原种，原种繁育出来的 1—3 代的种子叫大田用种。通常说的良种就是大田用种，种子市场上卖的种子一般也是大田用种。

103. 大豆良种繁育的主要任务是什么?

大量繁殖、迅速繁殖新选育的、新引进的良种种子，以满足生产者对良种数量的需要。保持和提高品种的种性和纯度，以便使其在生产中较长时间发挥增产作用，确保种子的高质量。通过合理的良种繁育制度和严格的种子操作技术、严格的种子检验制度，确保良种种子的高质量，以最大限度地发挥良种的增产作用。

104. 大豆提纯复壮的方法有几种?

大豆提纯复壮的方法：

1. 片选法

片选法是在种子田或纯度较高的生产田块里，进行拔杂去劣，将混杂的异株去掉，同时拔除生育不良的劣株，可分三个时期进行：（1）苗期：结合间苗将幼苗茎色、叶形不同的杂株拔除。（2）花期：根据植株花色、叶形等性状拔除杂株。（3）成熟期：在落叶以后、收获之前，根据株高、植株形态、熟期、结荚习性、茸毛色等性状进行去杂去劣，并将拔除的杂、劣植株及时从田间清除，以免收获时混杂。成熟期是识别杂株的关键时刻，要严格细致进行。

2. 株选法

对混杂退化比较严重的品种可采用这种方法，具体做法是：在大豆成熟落叶之后、收割之前，在种子田或生产田中进行选株，根据种植品种的标准特征特性，选择若干形态一致的优良单株。选择的数最好要根据下一年种子田的需种量而定。选择的单株在混合脱粒前应再挑选一次，淘汰不合要求的单株，经过严格选择的单株混合脱粒，需妥善保管，留作种子田的种子。田间剩余的植株经过严格去杂去劣后，留作大田生产用种。

105. 大豆品种如何进行防杂保纯？

1. 认真防止机械混杂
2. 严防生物学混杂
3. 严格进行去杂去劣和选择
4. 定期进行品种更新

106. 什么叫大豆原种？

大豆的原种是指育成品种的原始种子，是由生产原种的单位生产出来的与该品种原有性状完全一样的种子。

107. 良种繁殖基地应具备哪些条件？

（1）自然条件

首先要有适合品种要求的温度、湿度、日照等气候条件，其次还要有土壤肥沃、排灌方便、病害较轻等土地条件。

（2）经济条件

以农业为主，经济条件较好，交通方便，便于种子运输。

（3）生产水平

有科学种田的基础，生产和管理水平较高。

（4）劳动力和技术条件

劳动力充足，有一定的文化水平，通过培训便可形成当地种子繁育的技术力量，在建立大型基地时，还必须有热爱良种繁育的基层领导干部。

108. 怎样加强大豆良种繁殖质量管理？

（1）种子生产专业化

实现种子专业化生产，使种子生产成为基地各农户的主业，种子产量高低及质量优劣同农户的切身利益密切相关，因而比较容易贯彻种子生产中的一系列技术规程，执行保证种子质量的一系列规章制度。

（2）严把质量关

在种子生产过程中，要严格执行各项技术操作规程，做好防杂保纯和去杂去劣工作。

（3）精选加工

将种子进行机械加工，是提高种子质量的重要措施。

（4）种子检验

种子检验是保证种子质量的关键措施。

109. 为什么不提倡农民自己留种？如果自己留种，应注意哪些问题？

农民自留种的弊端：

1. 品种纯度降低，制约大豆生产。

2. 种子质量差，出芽率、净度等指标低，病虫害严重。

3. 农民自留的种子往往没经过正规的病虫害检疫，消毒不彻底，播种后会造成田间病虫害加重，如果这些大豆作为种子销到外地，会给外销地大豆生产带来损失。

自己留种应注意的问题：一定要把一些生病植株或者是杂品种植株拔掉，把花色不一样的大豆植株也挑选出来，来保证种子的纯度。在种子成熟以后，不用着急给大豆种子进行脱粒，可以等到秋收过后，或者有时间再进行脱粒。由于大豆本身有外壳的包裹，这样更有利于豆种的饱满度。

第七篇

大豆的主要病虫害防治技术

110. 大豆都有哪些病虫害?

大豆病害主要有大豆花叶病毒病、大豆根腐病、大豆胞囊线虫病、大豆灰斑病、大豆紫斑病、大豆黄叶病、大豆菌核病、大豆细菌性斑点病等。虫害主要有大豆蚜虫、大豆食心虫、红蜘蛛、豆天蛾、双斑萤叶甲、卷叶螟、造桥虫、斜纹夜蛾及以蛴螬、地老虎为主的地下害虫等。

111. 大豆食心虫如何防治?

大豆食心虫俗称大豆蛀荚虫、小红虫等。食心虫在全国不同大豆种植区均有发生，幼虫蛀入豆荚，对豆粒进行咬食，导致豆粒残破。一般食心虫发生频率为每年一次，北方要早于南方，幼虫可以结茧并存活于土壤中越冬，待到次年7~8月份化蛹，由于繁殖数量巨大且速度迅猛，影响后续大豆结粒。

防治方法：选用抗虫品种，合理轮作，在大豆的花期以及结荚期用50%杀螟硫磷乳油和水按照1：1000的比例进行喷洒，秋季深翻，提高越冬死亡率，减少虫卵基数；利用赤眼蜂对其进行生物防治。

图 7-1　大豆食心虫

图 7-2　无人机防治食心虫

112. 大豆蚜虫如何防治?

幼虫和成虫均以刺吸式口器吸食汁液。大豆的嫩梢、茎、叶和幼荚均可受害。受害植株生长受到抑制，植株矮小，茎叶卷曲，结荚少，子粒质量差。一般每年发生 10 多代，7 月中下旬为盛发期，可使大豆受害成灾。在生产中合理进行大豆、玉米轮作可以有效减轻大豆蚜虫的发生。利用蚜虫对黄色有较强趋性，在田间设置黄色粘板诱杀蚜虫。田间点片发生时，可用 10%吡虫啉可湿性粉剂 300g/hm^2 喷雾。成虫盛发期时，可用 30%氧乐・氰菊乳油 450mL/hm^2 ~ 600mL/hm^2，或 25%抗蚜威水分散粒剂 300mL/hm^2 ~ 480mL/hm^2，兑水 600mL/hm^2 ~ 750L/hm^2 均匀喷雾，用其中一种即可，轮换使用。

图 7-3　大豆蚜虫

图 7-4　无人机喷药

113. 红蜘蛛对大豆有哪些危害?

大豆红蜘蛛又称朱砂叶螨，其受精的虫卵会藏在土壤缝隙、杂草根部以及大豆残体中越冬，次年 4 月开始活动，当气温达到 20 ℃以上时，是大豆红蜘蛛快速繁殖时期。红蜘蛛会在大豆叶片上结网，成群吸食叶片汁水，导致叶子卷曲枯黄甚至脱落，严重时大片大豆植株整棵死亡。

避免土壤干旱、定期清理杂草、确保大豆底肥充足且控制氮肥施入量，是防治红蜘蛛的必要条件。在发现大豆叶面卷曲度达到 10%时，可以喷洒 40%二氯杀螨醇 1000 倍液，连续 3 次，也可使用生物药剂 2.5%华光霉素 600 倍液。

图 7-5　大豆红蜘蛛

114. 豆天蛾有哪些防治措施?

大豆的蛋白质和脂肪含量高，是豆天蛾的主要寄主植物，一般在 4~10 月出现。幼虫期会啃食大豆叶片，使叶片缺刻成孔，成虫食量巨大，可以将豆株整个吃光，使其无法结荚。

选择成熟晚、皮厚秆硬的品种，充分利用幼虫的背光性和成虫的趋光性，设置黑光灯诱杀，降低豆田落卵，也可将青虫菌和水按照 1∶500 的比例配制，然后喷洒。

图 7-6　大豆豆天蛾

115. 双斑萤叶甲对大豆有哪些措施？

双斑萤叶甲为高温干旱型害虫，主要危害叶片，成虫食叶片和花穗使其形成缺刻或孔洞，影响大豆的光合作用，造成减产。北方地区一年发生 1 代，7 月初始见成虫，8 月进入危害盛期。成虫有群集性、趋嫩危害习性，发生量大，危害程度重，持续时间长，干旱年份发生较重。

防治办法：清除田间地头杂草，降低发生基数。秋天收获后进行深翻处理，破坏越冬场所。合理灌溉施肥，形成壮苗，增加大豆的抗虫能力。田间双斑萤叶甲发生时，用 2.5%高效氯氟氰菊酯乳油 300mL/

hm^2 ~ 400mL/hm^2，或 4. 5%高效氯氰菊酯乳油 300mL/hm^2 ~ 400mL/hm^2，兑水喷雾。

116. 地下虫害（蛴螬和地老虎）的危害特点有哪些?

（1）蛴螬

蛴螬俗名地狗子、土蚕，属于鞘翅目金龟总科，是金龟子幼虫的统称。金龟属于杂食性害虫，除了危害大豆外，也可以危害花生、小麦、玉米、高粱、谷子、马铃薯、甘薯、甜菜、甘蔗等，还可以危害果树和林木。金龟一年发生 1 代，以老熟幼虫在土中越冬。

幼虫主要取食大豆的地下部分，尤其喜食柔嫩多汁的根茎，咬断幼苗、根、茎，断口平截，造成枯死苗，严重影响产量。成虫喜食叶片、嫩芽等，形成残缺和空洞，可加重危害。在大豆播种期，可用 20 亿孢子/g 的白僵菌粉剂，每亩按 1kg 的量，拌适量细沙土，随大豆的播种过程均匀撒施于土中；也可用 10 亿孢子/g 的绿僵菌微粒剂，按 3kg/667m^2 的用量，直接随种子播入土中。药剂拌种用 30%毒死蜱微囊悬浮剂按药种比 1∶50 拌种即可。

（2）地老虎

地老虎又名切根虫、夜盗虫，俗称地蚕。属于鳞翅目、夜蛾科。农田主要种类有小地老虎、黄地老虎、大地老虎、白边地老虎等10余种。其中，小地老虎在全国各地都有分布。小地老虎低龄幼虫喜欢群集在幼苗心叶处；3龄后分散，白天潜于表土干湿层之间，夜晚出土危害，有假死习性，受到惊扰即蜷缩成团。小地老虎低龄幼虫，可将叶片取食成无数小孔或缺刻，3龄以后可咬断整株豆苗，并整株托入穴中，常留少许叶尖露出地表。

防治小地老虎应以当地第1代幼虫为防治重点。在田间管理时，应尽量清除田间杂草，以减少成虫产卵场所和幼虫早期的食物来源。利用成虫的趋化性，将糖、醋、白酒和50%吡虫啉可湿性粉剂按糖6份、醋3份、白酒1份、50%吡虫啉可湿性粉剂2份的比例加水10份调匀配成糖醋诱杀液，每亩放置4~6处，

图7-7　蛴螬

图7-8　地老虎

可以诱杀大量成虫。另外，也可以在田间设置杀虫灯诱杀成虫。

（3）其他害虫

图 7-9　蒙古象甲

图 7-10　斑须蝽

图 7-11　造桥虫

图 7-12　大豆卷叶螟

117. 大豆灰斑病有哪些危害，该如何防治？

大豆灰斑病在全国各地都有发生，以东北大豆种植区发生最为严重。一般病粒率达 10%～15%，严重地块达 30%以上。叶片上病斑圆形或不规则形，中央灰色，边缘深褐色，叶片背面产生灰色霉层，严重时叶片干枯脱落。叶部最早见到病斑的日期是 7 月上旬，9 月初达到高峰。品种抗性差、连作地发病重；春季气温低、多雨高湿、日照时数少则大豆生育前期发病重；开花结荚后低温、多雨高湿，大豆后期叶和荚发病均较重。

防治方法：选用抗病品种，加强田间管理，合理施肥，与禾本科作物实行 2 年以上轮作。播种前可用种子量的 0.3%多福克合剂拌种。发病初期可用 2.5%嘧菌酯（阿米西达）600mL/hm^2～800mL/hm^2，或 70%甲基托布津 700mL/hm^2～1000mL/hm^2 对水喷雾，喷施以上药剂时加入碧护或芸苔素内酯可促进植株尽快恢复生长。

图 7-13 灰斑病危害叶片

图 7-14　灰斑病危害叶片

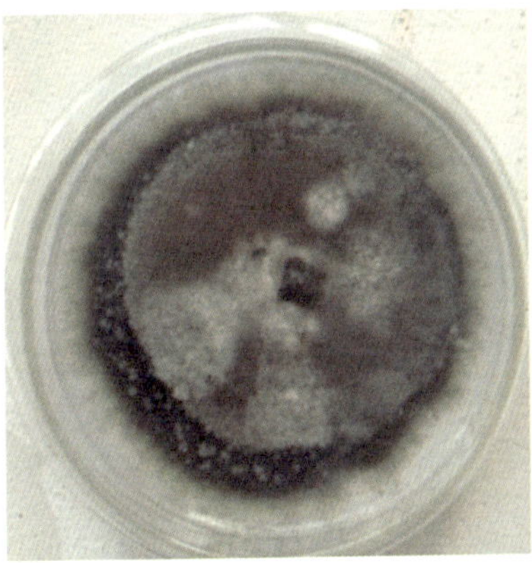

图 7-15　灰斑病病原菌

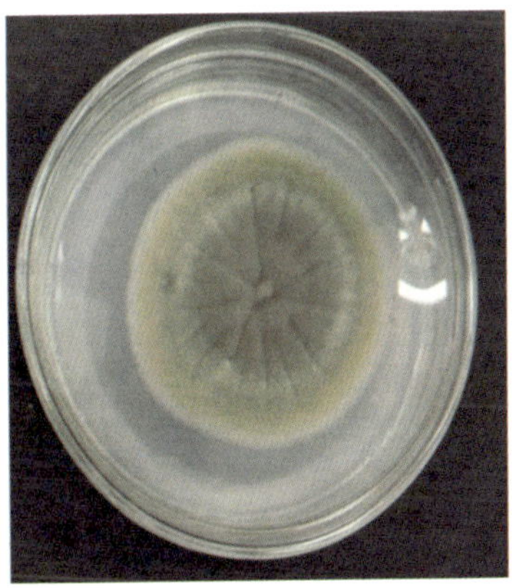

图 7-16　灰斑病病原菌

118. 大豆紫斑病是如何发生的，如何防治？

大豆紫斑病主要是由一种菊池尾孢真菌大量繁殖而引起的，真菌在豆荚和豆粒以及叶茎上大量繁殖，使大豆受到侵害。一般在大豆开花期和结荚期，此时气温一般相对较高，而且处于多雨天气，空气湿度较大，易于真菌繁殖。一般连作地、早熟品种相对容易发病，低洼地、密植、通风不良、抗病性差的品种发病的几率相对大。大豆紫斑病主要危害豆荚和豆粒，也危害叶和茎。发病时，子叶上会有一些圆形斑出现，呈云纹状，多数为褐色或红褐色，初期为小斑点，随着发病加重，小斑点会不断扩展，最后叶片上会有多角形斑块，有的会变为灰色斑块。

防治方法：选用抗病品种是防治大豆紫斑病的一个重要措施，尽量选用早熟或晚熟品种，播前进行种子处理，一般使用福美双或克菌丹粉剂配制成50%的药剂进行拌种。另外，在地块选择上，不要重茬种植，要与禾本科或其他非寄主植物进行轮作，实行两年或三年轮作，适时进行早播，加强水肥管理，做好中耕除草工作，防止田间湿度过大。重点加强对花期、蕾期、结荚期、嫩荚的管理，只要发现病症的迹象，要及时采取措施加以防控，如使用多菌灵、代森锌、甲基硫菌灵、苯菌灵等，采收后要及时清理田间残留，深翻土地，减少越冬孢子，消灭传染源头。

图 7-17　大豆紫斑病

119. 大豆黄叶是病害吗，如何预防?

大豆黄叶病的病征是大豆叶片变黄，如果早期发病，会出现植株停止发育，相对矮小，不能结荚等症状；如果是中期发病，会出现结荚率低，有荚无粒，或是瘪粒的情况，将造成大面积减产，甚至绝收。品种抗病性差，大豆连作导致土壤中的微量元素如铁、锰、硼、钼等养分缺失，病菌或药害导致植株根系发育不良，含有氯磺隆、甲磺隆等除草剂残留，干旱高温天气持续时间较长，后突降暴雨等也会加速黄叶病发生。

防治措施：一是要根据土壤的肥力情况施用农家肥，同时施入微生物肥料，对土壤结构进行改良；二是要进行测土培肥，对出现过黄叶病的地块进行土壤养分测量，然后进行平衡配方施肥，酌情补足锌、铁及一些微量元素；三是要合理进行轮作，科学进行倒茬种植；在大豆植株生长期间如果发现黄叶病发生，可以采用喷施微肥锌、铁，同时喷施一些杀菌剂，配合植物调节剂“半日青”，一般喷后三四天就会起作用。

图 7-18　黄叶病地块

图 7-19　黄叶病病株

120. 大豆病毒病有何特点？如何防治？

大豆花叶病毒病从其发病症状来说，主要是花叶和坏死两个方面。当花叶现象严重时，叶片会逐步出现各类明显的现象，如：①皱缩；②向下反卷；③增厚发脆，从而令大豆植株出现矮化现象。坏死现象指的是大豆在发病初期，叶片的叶脉会发生坏死，叶片上可以明显看到褐色枯斑，坏死的叶脉会逐渐变多，最终会连成一片。大豆植株在感染此病毒后，其籽粒上会出现多种形状，如褐色或黑色斑纹。当大豆种子携带这种病毒后，会直接在下一年发病，其后果十分严重。

农业防治法主要是选用抗病毒品种和做好大豆种子的消毒。

图 7-20　大豆病毒病

121. 什么是大豆根腐病?

大豆根腐病是一种主要发生在大豆根部的土传病害，大豆连作地块发病重。根腐病主要发生在北方地区，造成大豆减产在25%~75%，甚至绝产。该病主要发生在幼苗期，易造成大豆根系不发达，根瘤少，地上部矮小瘦弱，叶色淡绿，分枝、结荚明显减少的植物类疾病。

防治方法：选用抗病品种，与禾本科作物合理轮作。加强田间管理，适时调整播期和播深，降低田间湿度，增强土壤通透性。播种前可用35%多福克悬浮种衣剂，或62.5g/L精甲咯菌腈（亮盾）悬浮种衣剂包衣。发病严重时可用70%恶霉灵可湿性粉剂1000~2000倍液，或用50%多菌灵可湿性粉剂800~1000倍液灌根。

图7-21　大豆根腐病

122. 大豆菌核病有哪些危害?

大豆菌核病又称白腐病，是大豆在种植到每年的七月下旬之后易发作的真菌病害。苗期症状会使幼苗倒伏、死亡；成株期症状可使荚内种子腐烂、干皱、无光泽，严重时导致植株不能结粒。多雨高湿、地势低洼、长期积水、大豆种植过密时，菌核病发病重。该病也是引起向日葵菌核病的病原，因此向日葵与大豆轮作可加重菌核病的流行。

防治办法：选择抗病及无病品种，合理密植，秋收后进行深翻，将菌核埋入土壤深层。与禾本科非寄主作物实行 3 年以上轮作，避免与向日葵、油菜、杂豆等轮作和邻作。发病初期可选用 50%腐霉利（速克灵）、50%异菌脲（扑海因）750mL/hm^2 ~ 1000mL/hm^2 兑水喷雾。子囊盘萌发盛期，可喷施 40%菌核净可湿性粉剂 1000 倍液。喷施以上药剂时加入碧护或芸苔素内酯可促进植株尽快恢复生长。

图 7-22　大豆菌核病

123. 大豆胞囊线虫病危害特点及发生规律如何？如何综合防治？

大豆胞囊线虫病是大豆的主要病害之一，世界各个大豆产区均有发生。大豆胞囊线虫以胞囊形式在土壤中越冬，生活力可保持 3~4 年，通气良好的土壤、岗地、坡地等土壤中胞囊密度大，线虫病发生早而重。在偏碱性的土壤内线虫发生重，多年连作大豆的土壤内线虫数量逐年增多，危害也逐年加重。其主要危害大豆根部，植株明显矮小，叶片发黄，主根和侧根发育不良，须根增多，被害根很少有固氮根瘤，根上有 0.5mm 大小黄白色颗粒，为大豆胞囊线虫的雌虫。该病一旦发生，轻则使大豆减产 10%~20%，重则可达 30%~50%，甚至某些产区因大面积发生而颗粒无收。

防治方法：使用抗病品种是最经济、最有效的防治手段，与玉米实行 3 年以上轮作，防病效果明显。农机具作业时一定要处理干净机械上的土壤，避免传播到下一个地块。发病严重的地块可用种子量的 0.5% 甲基硫环磷乳油拌种，或用 5% 涕灭威颗粒剂 100kg/hm^2~120kg/hm^2 施入土中。亦可以采用生物种衣剂进行药剂拌种，如沈阳农业大学研发的生防种衣剂 SN101。

图 7-23 大豆胞囊线虫病田间危害

图 7-24　大豆根上胞囊

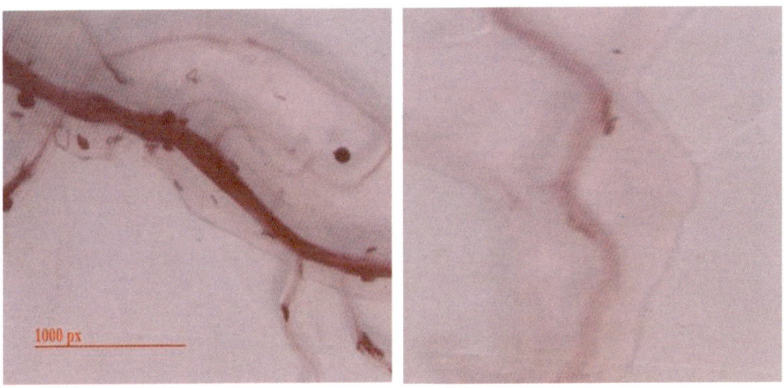

图 7-25　不同大豆品种根内大豆胞囊线虫品红染色

124. 大豆包衣有哪些好处?

对大豆种子包衣是种子加工内容之一。有针对性地选用杀虫剂、杀菌剂、肥料、微量元素、植物生长调节剂等营养物质，主要目的是有效控制地下害虫和苗期病虫害的危害；增强作物的抗逆性，如抗旱、抗寒、抗盐碱；达到保苗壮苗促生长的作用，为后期生长发育打下良好基础，能有效提高大豆产量。

图 7-26　大豆种子包衣前

图 7-27　大豆种子包衣

图 7-28　不同包衣剂包衣大豆种子

参考文献

[1] 左武荣. 我国大豆进口贸易的影响及对策研究［J］. 分子植物育种，2022，20（2）：601-606.

[2] 聂莹，邢亚楠，黄家章，等. 主栽大豆营养品质及加工特性初探［J］. 食品工业科技，2021，42（17）：1-7.

[3] 魏艳骄，张慧艳，朱晶. 新发展格局下中国大豆进口依赖性风险及市场布局优化分析［J］. 中国农村经济，2021，（12）：66-83.

[4] 贾鸿昌，韩德志，闫洪睿，等. 大豆生育期组鉴定分组方法的比较研究［J］. 中国油料作物学报，2022，44（2）：307-315.

[5] 占今舜，王冰，胡金杰，等. 大豆黄酮作为饲料添加剂的应用前景［J］. 粮食与饲料工业，2013，（7）：44-46.

[6] 王济学，刘霓，郭军平. 我国大豆加工产业高质量发展的思考［J］. 中国油脂，2021，46（2）：1-5.

[7] 郑键，谢长城. 2020 年全球大豆生产形势及中国市场趋势分析 [J]. 中国畜牧杂志，2020，56 (07)：188-190.

[8] 宋朝辉. 浅析我国大豆生产存在的问题及对策 [J]. 河北农业，2021，(08)：58-59.

[9] 接伟光，杨冬莹，姚延轩，等. 正茬与迎茬对大豆根际土壤微生物群落组成的影响 [J]. 大豆科学，2022，41 (2)：179-188.

[10] 张春玉，姜福佳，刘东，等. 雌激素在大豆体内富集特点研究 [J]. 东北师大学报（自然科学版），2022，54 (1)：134-140.

[11] 全松善，王松. 分析大豆倒伏原因及预防措施 [J]. 农民致富之友，2015，(06)：89.

[12] 顾晓琴. 环境条件对大豆品质的影响 [J]. 民营科技，2012，(12)：108.

[13] 宁海龙，杨庆凯. 环境条件对大豆化学品质影响的研究进展 [J]. 东北农业大学学报，2003 (01)：81-85.

[14] 管春英. 改变源库关系对大豆产量与品质的影响 [D]. 吉林农业大学，2005.

[15] 明坤. 影响大豆蛋白质与油分含量的因素分析 [J]. 农民致富之友，2017，(15)：32.

［16］于振文，岳寿松，沈成国，等. 不同密度对冬小麦开花后叶片衰老和籽粒的影响［J］. 作物学报，1995，21（4）：412-418.

［17］Thomas M. Cheesbrough. Changes in the Enzymes for Fatty Acid Synthesis and Desaturation during Acclimation of Developing Soybean Seeds to Altered Growth Temperature［J］. Plant Physiol，1989，90：760-764.

［18］蒋跃林，张仕定，岳伟. 等. 大气 CO_2 浓度增加对大豆籽粒品质的影响［J］. 中国粮食学报，2005，20（5）：85-88.

［19］Mark E. Westgate *，J. R. Schussler，D. C. Reicosky，and M. L. Brenner. Effect of Water Deficits on Seed Development in Soybean［J］. Plant Physiol，1989，91：1980-1985.

［20］Jiang H，Egli D B. Soybean seed number and crop growth rate during flowering［J］. Agron，1995，87：264-267.

［21］姚有珍. 关于北方地区大豆高产栽培技术的新思考［J］. 生物技术世界，2012，10（06）：57-58.

［22］李丽君，王雪娇，苏二虎，等. 内蒙古自治区“十三五”时期大豆生产与品种选育回顾［J］.

园艺与种苗，2021，41（03）：82-84.

［23］庞景海，方晓．大豆行间覆膜栽培关键技术［M］．黑龙江科学技术出版社，2014：10.

［24］全国农业技术推广服务中心．玉米大豆带状复合种植技术指导意见，2022.

［25］杨文钰，汤松，王小春，等．全国大豆玉米带状复合种植技术模式图—西北地区间作模式［J］．农民文摘．2022（03）.

［26］雍太文，刘小明，宋春，等．种植方式对玉米-大豆套作体系中作物产量、养分吸收和种间竞争的影响［J］．中国生态农业学报．2015（06）.

［27］朱道坤．玉米-大豆间作栽培集成技术［J］．大豆科技，2019（02）：35-37.

［28］杨文钰，杨峰．发展玉豆带状复合种植，保障国家粮食安全［J］．中国农业科学，2019，52（21）.

［29］雍太文，杨文钰，向达兵，等．玉/豆套作模式下玉米播期与密度对大豆农艺性状及产量的影响．大豆科学，2009，28（3）：439-444.

［30］李河旺，张冬菊，李晓瑞，等．耐荫型大豆与紧凑型玉米间作模式与推广前景分析．大豆科技，2008（6）：30-31.

[31] 曹鹏鹏，田艺心，高凤菊，等. 玉米-大豆间作不同带距和行距对两作物生长及产量的影响[J]. 山东农业科学，2018，50（07）：78-81，87.

[32] 高阳，段爱旺，刘祖贵，等. 间作种植模式对玉米和大豆干物质积累与产量组成的影响[J]. 中国农学通报，2009，25（02）：214.

[33] 胡家权，张惠青，王月英，等. 玉米大豆间作空间比例模式研究[J]. 大豆科技，2013（04）：75-77.

[34] 高阳，段爱旺，刘祖贵，等. 间作种植模式对玉米和大豆干物质积累与产量组成的影响[J]. 中国农学通报，2009，25（02）：214.

[35] 朱莉慧. 大豆玉米间作的优势与要求[J]. 饲料与种植，2010（09）：59.

[36] 韦柳佳，黄莉，张雅琼，等. 玉米/大豆间作模式及效应分析[J]. 西南农业学报，2013，26（01）：67-72.

[37] 吴欣，李相涛，张冬菊，等. 大豆-玉米间作种植模式效应分析[J]. 陕西农业科学，2022，68（03）：85-88.

[38] 程玉柱，李龙，周琴，等. 玉米/大豆不同配置下的玉米生长和产量形成研究[J]. 南京农业大

学学报，2016，39（01）：34-39.

［39］朱星陶，谭春燕，陈佳琴，等. 玉米-大豆间作行距对大豆生长及品质的影响［J］. 贵州农业科学，2016，44（06）：22-25.

［40］李易玲，彭西红，陈平，等. 减量施氮对套作玉米大豆叶片持绿、光合特性和系统产量的影响［J］. 中国农业科学，2022（09）.

［41］雍太文，杨文钰. 玉米大豆带状复合种植技术的优势、成效及发展建议［J］. 中国农民合作社，2022（03）.

［42］常玉明，张正坤，赵宇，等. 玉米大豆间作对玉米主要病虫害发生及其产量的影响［J］. 植物保护学报，2021（02）.

［43］张黎骅，蔡金雄，李雨涵，等. 玉豆带状复合种植全程机械化技术与装备研究进展［J］. 西华大学学报（自然科学版），2020，39（5）.

［44］吴维雄，罗锡文，杨文钰，等. 小麦-玉米-大豆带状复合种植机械化研究进展［J］. 农业工程学报，2015，31（S1）.

［45］杨峰，娄莹，廖敦平，等. 玉米-大豆带状套作行距配置对作物生物量、根系形态及产量的影响［J］. 作物学报，2015（4）.

[46] 王波，李唯阳. 带状复合种植技术有望成倍提高我国大豆产量—四川农大等3所高校联合攻关玉米大豆间作机械装备 [J]. 当代农机，2020 (8).

[47] 李诚永，汪成法，王俊杰，等. 大豆玉米间作带状复合种植技术与效益初探 [J]. 农村经济与科技，2019，30 (7).

[48] GAO Y，DUAN A W，QIU X Q，et al. Distribution of roots and root length density in a maize/soybean strip intercropping system [J]. Agricultural Water Management，2010，98 (1).

[49] 杨文钰. 玉米大豆传统间套作的传承与创新发展 [C] //2017年中国作物学会学术年会摘要集. 中国作物学会，2017.

[50] 李隆. 间套作强化农田生态系统服务功能的研究进展与应用展望 [J]. 中国生态农业学报，2016，24 (04).

[51] 张雷昌，汤利，董艳，等. 根系互作影响玉米大豆间作作物氮吸收 [J]. 云南农业大学学报 (自然科学)，2016，31 (06)：1111-1119.

[52] 吕越，吴普特，陈小莉，等. 地上部与地下部作用对玉米/大豆间作优势的影响 [J]. 农业机械学报，2014，45 (01)：129-142.

［53］程玉柱，李龙，周琴，等. 玉米/大豆不同配置下的玉米生长和产量形成研究［J］. 南京农业大学学报，2016，39（01）：34-39.

［54］盖钧镒，王明军，陈长之. 中国毛豆生产的历史渊源与发展［J］. 大豆科学，2002，21（1）：7-12.

［55］韩天富，盖钧镒. 世界菜用大豆生产、贸易和研究的进展［J］. 大豆科学，2002，21（04）：278-284.

［56］顾卫红，郑洪建，张燕，等. 菜用大豆的国际需求及科研生产动态（综述）［J］. 上海农业学报，2002，18（2）：45-48.

［57］陈学珍，谢皓，李婷婷，等. 我国菜用大豆研究进展与生产利用现状［J］. 北京农学院学报，2003，18（4）：311-315.

［58］姜信科，姚俐，穆洪丽，等. 我国春播鲜食大豆生产现状及存在问题探讨［J］. 中国果菜，2009（6）：52.

［58］张秋英，杨文月，李艳华，等. 中国菜用大豆研究现状、生产中的问题及展望［J］. 大豆科学，2007，26（6）：950-954.

［59］孙妍妍，赵丽梅，张伟，等. 大豆杂种优

势利用研究进展［J］. 大豆科技，2021，（06）：26－35.

［60］刘忠松，陈卫江，唐善德，等. 大豆杂种优势利用前景分析［J］. 作物研究，1989（04）：45－46.

［61］李建华，纪威，魏林楠，等. 大豆杂交方法介绍［J］. 大豆科技，2016，（02）：39－41.

［62］张志民，徐淑霞，周青，等. 两种大豆杂交方法的比较与探讨［J］. 农业科技通讯，2013，（03）：214－215.

［63］白志元，杨玉花，张瑞军. 大豆杂种优势分析及强优势组合的筛选［J］. 山西农业科学，2021，49（08）：903－907.

［64］吴倩，李智，于伟，等. 大豆亲本间遗传距离与杂种优势的相关性研究［J］. 中国农学通报，2020，36（01）：43－48.

［65］韩亚丽. 大豆杂种优势群划分的初步研究［D］. 吉林农业大学，2019.

［66］樊志明. 大豆杂种优势利用研究现状与前景［J］. 大豆科技，2017（03）：30－32.

［67］曹芳，李志刚，李旭新，等. 大豆雄性不育及杂种优势利用研究进展［J］. 安徽农业科学，

2016，44（34）：23-25.

［68］仲义，徐艳荣，孙发明，等. 大豆农艺和品质性状的杂种优势分析［J］. 现代农业科技，2011（22）：65-66+68.

［69］李祥祥，王宇，史凤玉，等. 菜用大豆新品种选育及品质性状影响因素［J］. 河北科技师范学院学报，2021，35（02）：55-60.

［70］黄乃泰. 江淮地区优质、高效、专用大豆新品种选育与产业化利用. 安徽省，安徽省连丰种业有限责任公司，2020-12-15.

［71］仇永康，王建立，刘志强，苗任重，赵景云. 驻马店高蛋白高产大豆新品种选育初探［J］. 农业科技通讯，2020（10）：294-295.

［72］张海生，高效、低耗、专用大豆种质创制及新品种选育. 山西农业大学，2020-04-28.

［73］林国强. 优质高产菜用大豆新品种选育及应用. 福建省农业科学院作物研究所，2019-07-05.

［74］祝洪利. 高产高蛋白大豆新品种选育及栽培技术［J］. 农家参谋，2018（24）：57.

［75］梁福琴，优质、专用大豆新品种选育及栽培技术研究. 延安市农业科学研究所，2017-10-30.

［76］魏云山. "赤豆三号、赤豆 4 号"优质高产

大豆新品种选育及机械化栽培技术集成与示范. 赤峰市农牧科学研究院，2018-04-01.

[77] 苟升学，肖金平，张璞. 适宜陕西关中地区夏大豆新品种选育研究 [J]. 西北农业学报，2017，26（08）：1183-1188.

[78] 余永亮，杨红旗，许兰杰，等. 高产、稳产、高抗大豆新品种郑豆0689的选育 [J]. 河南农业科学，2016，45（11）：38-41.

[79] 战勇. 大豆新品种选育与高产高效栽培创建示范. 新疆农垦科学院作物研究所，2016-05-14.

[80] 高敏，杨微，牛建光. 高油大豆新品种九农40号的选育及其栽培技术要点 [J]. 大豆科技，2016（02）：31-32.

[81] 张丽亚，周斌，杨勇，张磊. 高产抗倒伏大豆皖豆31新品种选育及栽培技术 [J]. 安徽农业科学，2016，44（07）：28-29.

[82] 郭文琦. 灌豆系列食用夏大豆新品种选育及应用. 江苏省灌云县大豆原种场，2015-12-01.

[83] 孙国伟，张凤路，付连舜，等. 铁豆78号高产大豆新品种选育及栽培技术 [J]. 现代农业科技，2015（21）：47.

[84] 李佰权，袁凤杰，傅旭军，等. 菜用大豆

新品种浙鲜豆 8 号的繁种技术［J］. 农业科技通讯, 2013（12）：227-229.

［85］白续宏，范晓军. 山西省杂交大豆技术实现重大突破［J］. 北京农业，2012（32）：52.

［86］程日庆. 菜用大豆繁种栽培技术［J］. 吉林农业，2011（04）：142.

［87］王昌瑞. 菜心繁种复种大豆高产栽培技术［J］. 吉林蔬菜，2008（06）：25-26.

［88］谢震. 大豆繁种田的除杂保纯技术［J］. 种子科技，2008，26（06）：50.

［89］鲁卉，魏明星. 无（低）病毒大豆种子的繁育技术［J］. 河北农业科技，2007（01）：7.

［90］梅建美，林昌庭，林敏莉，等. 鲜食大豆秋播繁种栽培技术研究［J］. 内蒙古农业科技，2004（S2）：19-20.

［91］王瑞珍. 春大豆秋季繁种栽培技术［J］. 农村百事通，2001（15）：26.

［92］于伟，李磊，李智，等. 大豆质核互作不育系杂交制种技术研究［J］. 中国油料作物学报，2001（02）：12-14.

［93］沈克琴，顾和平，纪锁成，等. 我国南方春大豆及春秋两用型早熟秋大豆良种的繁育体系

[J]. 中国油料，1995（04）：41-43.

[94] 张瑞军，卫一超，白志元，等. 杂交大豆育种防控技术［J］. 中国种业，2016（06）：77-78.

[95] 刘增金，吴楠，梁旭东，等. 大豆种子繁殖田种植技术［J］. 种子世界，2002（07）：43.

[96] 阳小凤，马淑梅，黄山，等. 湘春豆 24 号秋季繁种高产栽培技术［J］. 湖南农业科学，2019（02）：11-12+17.

[97] 吕美琴. 大豆新品种泉豆 12 号的选育与栽培技术［J］. 种子，2016，35（04）：115-117.

[98] 刘增金，吴楠，梁旭东，等. 大豆种子繁殖田种植技术［J］. 种子世界，2002（07）：43.

[99] 钟春霞，李曼. 四十载只为育出大豆优良品种［J］. 科技创新与品牌，2021（09）：32-34.

[100] 王殿宏. 高产、优质、抗病鲜食大豆优良品种筛选及配套栽培技术研究. 河北省，廊坊市农林科学院，2016-01-16.

[101] 郭泰，刘忠堂，王志新，等. 大豆优良品种合丰 35 选育与育种利用［C］//. 第 23 届全国大豆科研生产研讨会论文摘要集，2012：42.

[102] 何海峰. 优化玉米马铃薯大豆品种布局推进优良品种向优势区域集中［N］. 陇东报，2022-03

-18 (001).

[103] 韩志玲，樊智翔，安伟，等. 菜用大豆优良品种比较试验 [J]. 农业科技通讯，2019 (12): 166-168.

[104] 姬月梅，罗瑞萍，连金番，等. 利用大豆雄性核不育基因 ms1 创制春大豆新种质及其在育种中的应用 [J]. 大豆科技，2022 (01): 9-13.

[105] 向仕华，杨华伟，韩亚滨，等. "种法合一"育种推广体系的论述—以自贡市农科院大豆育种成果为例 [J]. 大豆科技，2021 (04): 31-33.

[106] 刘淼，来永才，毕影东，等. 黑龙江省寒地野生大豆在大豆育种中的应用现状及成果 [J]. 黑龙江农业科学，2021 (02): 119-122.

[107] 李祥祥，王宇，史凤玉，等. 菜用大豆新品种选育及品质性状影响因素 [J]. 河北科技师范学院学报，2021，35 (02): 55-60.

[108] 王连铮，胡立成. 高蛋白高产大豆新品种黑农 35 的选育及大豆矮化育种等问题 [J]. 中国农业科学，1995 (05): 38-45+97-98.

[109] 王连铮，王岚，赵荣娟，等. 高油大豆新品种中黄 20 (中作 983) 的选育和提高大豆含油量的育种研究 [J]. 中国油料作物学报，2003 (04): 37

-45.

［110］郝瑞莲，卢广远，韩英，等. 大豆优质高蛋白育种研究的探讨［J］. 中国农学通报，2004（01）：96-97.

［111］邱丽娟，王金陵，孟庆喜. 大豆高蛋白育种的亲本选配和后代选择的研究Ⅱ大豆杂交 F_2、F_3 和 F_4 代蛋白质含量与其它性状的相关性［J］. 大豆科学，1991（02）：93-97.

［112］杨春燕，姚利波，刘兵强，张孟臣. 国内外大豆品质育种研究方法与最新进展［J］. 华北农学报，2009，24（S1）：75-78.

［113］项鹏. 黑河地区大豆胞囊线虫病研究现状［J］. 黑龙江农业科学，2020（8）：113-115.

［114］张武，洪峰，吴俊彦，等. 黑河地区大豆食心虫发生规律及其防治［J］. 中国植保导刊，2014，34（10）：38-40.

［115］张武，项鹏，吴俊彦，等. 黑河地区大豆田间有翅蚜迁飞扩散及种群动态研究［J］. 大豆科学，2016，35（10）：477-480.

［116］胡海波，韩英鹏，滕卫丽，等. 重组自交系群体对大豆胞囊线虫 3 号生理小种抗性与主要农艺性状的相关分析［J］. 大豆科学，2012，31（5）：

793-795.

［117］王正东. 大豆主要地下害虫的识别与防治［J］. 农技服务，2013，30（9）：926.

［118］许向利，仵均祥，成卫宁. 陕西关中大豆害虫种类调查与综合防治技术探讨［J］. 陕西农业科学，2020，66（09）：63-65，70.

［119］时新瑞，赵云彤，解国庆，等. 黑龙江省东南部大豆蚜综合防控技术［J］. 黑龙江农业科学，2015（08）：170.